北京林业大学学术专著出版资助计划资助出版

马克思诞辰200周年纪念文库
The 200th Anniversary Books for Karl Marx

生态价值观的演变 与实践研究

戴秀丽｜著

中央编译出版社
Central Compilation & Translation Press

图书在版编目（CIP）数据

生态价值观的演变与实践研究／戴秀丽著. —北京：
中央编译出版社，2019.1
ISBN 978-7-5117-3648-2

Ⅰ. ①生…

Ⅱ. ①戴…

Ⅲ. ①生态价值—研究

Ⅳ. ① Q14

中国版本图书馆 CIP 数据核字（2018）第 277427 号

生态价值观的演变与实践研究

出 版 人：葛海彦

责任编辑：谭 伟

责任印制：刘 慧

出版发行：中央编译出版社

地　　址：北京西城区车公庄大街乙 5 号鸿儒大厦 B 座（100044）

电　　话：(010) 52612345（总编室）　　　　(010) 52612339（编辑室）
　　　　　(010) 52612316（发行部）　　　　(010) 52612346（馆配部）

传　　真：(010) 66515838

经　　销：全国新华书店

印　　刷：三河市华东印刷有限公司

开　　本：710 毫米×1000 毫米　1/16

字　　数：224 千字

印　　张：17

版　　次：2019 年 1 月第 1 版

印　　次：2019 年 1 月第 1 次印刷

定　　价：85.00 元

网　　址：www.cctphome.com　　　邮　　箱：cctp@cctphome.com

新浪微博：@中央编译出版社　　　微　　信：中央编译出版社（ID: cctphome）

淘宝店铺：中央编译出版社直销店（http://shop108367160.taobao.com）(010) 55626985

本社常年法律顾问：北京市吴栾赵阎律师事务所律师　闫军　梁勤

凡有印装质量问题，本社负责调换，电话：(010) 55626985

前 言

生态价值观是人们长期认识自然、利用和改造自然的过程中，逐渐产生的有关生态环境意义、好坏、美丑、利害等观点和看法，以及人类看待人与自然关系及利用生态环境的基本价值取向。生态价值观影响着人与自然或生态的基本关系，其形成需要一个长期的过程，但一旦形成，对人类经济社会行为的影响是久远的。人类生态价值观的形成与演变，遵循了马克思的"物质决定意识，意识对物质有反作用"的原理，遵循了"实践、认识、再实践、再认识"的认知规律。

本书从历史角度出发，系统归纳了人类从原始文明到农业文明再到工业文明的进步过程中，生态价值观的演变轨迹及其对经济社会发展的影响。全书共分九章，分别是绪论（第一章）、生态价值观的形成与演变（第二章）、生态价值观与生态危机（第三章）、生态价值观的文明转向（第四章）、生态价值观与生态型经济（第五章）、生态价值观与环境法制（第六章）、生态价值观与环境教育（第七章）、生态价值观与中国经济发展（第八章）、中国绿色发展的时代性与途径（第九章）。主线是服务生态文明建设的现代生态价值观的内涵、作用、构建途径和实践意义。

工业革命以来，人类以"征服自然"为价值取向，其行为加剧了对自然环境的破坏。这些价值取向体现在六个方面。第一，在自然观方面，是主客二分的哲学，秉承的是一种机械自然观，在此指导下，人类只承认自然的工具价值，而不承认自然的内在价值。在生态环境资源性的认识方面，人类根据利己原则评定资源的重要性及价值。当人类利用自然的价值观与自然界自身的客观规律相冲突时，人类往往忽略或漠不关心这些规律，我行我素。以"现实主义"和"实用主义"来判断资源的有用性和价值的大小，形成了资源无限的观念，将生态系统当作取之不尽、用之不竭的天然资源库。第二，在经济观念方面，以追求物质利益不断扩大作为主要的行为范式，过分追求经济增长。第三，在生产与生态关系的认识方面，强调生产而忽视生态，在评价一个经济体系或经济活动好坏时，往往只从它的结构、效率、产权、效益等方面进行评价，而很少将生态目标或生态约束作为标准。第四，在经济目标价值方面，强调经济活动个体的最优性，追求单个生产企业规模的最佳化、效益的最大化、技术的现代化。认为个体的最优化能导致整体的最优和有序，忽视生态环境的整体性，成为破坏生态环境的隐忧。第五，在文化价值观方面，宣扬和追求的是资本追逐利润的消费主义文化价值观。第六，在法律制度方面，以强调对资源的利用为基本依据。

在上述传统价值观的指导下，人类对自然资源的利用肆无忌惮。第一，导致了人类行为与自然规律的背离，科学技术进步致使自然界约束人类行为的能力已经变得越来越弱。虽然人类自身的自律行为和约束能力在增强，但这种增强又是建立在利己基础之上的。第二，忽视了资源的有限性和生态承载的有限性，只承认资源的稀缺性，而没有对资源的有限性给予足够的重视，由此导致了人类对生态系统的过度利用。第三，忽视了生态系统的整体性，"内部性"与"外部性"的固化认识观念割裂了经济活动与生态约束间的联系。第四，导致了生活需求与生存需求的背离。从消费行为的演变历史看，由于忽略了我们赖以生存的生态资源的有限性，使得我们的消费欲望无限膨胀，远远脱离了作为"自然人"的基本消费需求的范畴，向"经济人"

和"社会人"方向越走越远。

在倡导生态文明的今天，在利用既有的智慧、技术和手段解决人类面临的生态危机的同时，还必须在意识层面和理念上改善人类自身的认知，倡导"人然相融"的自然观，即生态文明背景下人与自然关系是"和谐共生"，人类发展必须秉承与自然融合、协调的价值观。其道德标准是维护"社会—生态"系统的整体性和延续性；维护生命共同体的完整、稳定和美丽。人与自然和谐相处的新的价值观念、消费模式、生活方式和社会政治机制，是克服生态危机、走向生态文明的重要保障。为此，本书提出了如下主张。

倡导"五论"内核的现代生态价值观。所谓现代生态价值观，就是以整体性的认识论、关联性的系统论、经济上的循环论、资源利用的俭约论、关系维系的协调论为理念认识和规范人与自然关系的基本价值观。第一，建立整体性的认识。转变"人类中心主义"的认识观，以人为本并非人类中心主义，坚持"人—社会—自然"有机整体的观点，将人类作为自然生态的一部分，从整体性方面认识人与自然的关系，规范自身的行为。第二，建立关联性的系统。重视要素间的关联性，在利用各种生态要素的过程中，首先将其纳入人—自然复合系统的整体系统中考察与其他要素间的关系，以维持其既有的自然有机联系或建立可持续的关联关系为出发点对其进行利用。重视局域与局域的关联性，将环境的域外性与域内性统一，纳入人类自身活动的统一评价体系之中，纳入生态系统的整体性之中，防止人为将生态系统割裂的倾向。重视经济与生态的关联性，在整体性的认识论下，将经济发展与遵循生态规律有机关联起来，构建符合生态环境要求的经济系统。第三，树立循环经济发展理念。坚持经济—生态双重目标，由单纯追求经济目标向追求经济—生态双重目标转变；坚持循环经济的发展理念，建立生态化的生产力和生产方式以及生态经济新秩序。倡导绿色经济，减少物耗，最大限度地减少对不可再生资源的耗竭性开采与利用，并应用替代性的可再生资源，以期尽可能地减少进入生产、消费过程的物质流和能源流。对废弃物的产生和排放实行总量控制，力求生态环境与经济综合效益的最优化。第四，倡导俭约利用资源的行为。承认资源的有限性和价值的多重性，引导人类自身的活动，实现资源的可持续利用；有效地利用资源并善待资源，改变工业文明以来的高物耗、高污染、强破坏的发展模式；遵循生态效率规律利用资源，建立环境友好型的社会发展模式和经济发展方式。第五，树立经济、社会与生态环境协调发展的生态经济发展观。用整体、协调的原则和机制来重新调节社会的生产关系、生活方式、生态观念和环境秩序。第六，转变过分依赖技术手段的观念。工业革命以来助长了人类依赖技术解决问题的机械论意识，自然是一个相互关联的有机整体，仅靠机械论的方法不能解决所有问题，尤其是环境问题。所以，必须从理念上加以改变。

倡导建立符合生态文明的"五适"行为准则。第一，理性回归适应自然的主线。遵循自然规律，关注自然生态的脆弱性；严格控制人口数量，保护生态系统的多样性。第二，采取适度的规模与技术"改造"和"利用"自然。第三，以适当行为方式促进人类社会的可持续发展。建立循环经济、绿色生活、理性增长的行为准则。第四，以适量的标准规范人类的消费行为，坚持适量占用资源、适度消费、理性消费的基本准则。杜绝奢靡消费和过度消费，应将生态约束纳入经济理论之中。第五，遵循自然规律，适时调整人与自然的关系。

教育、制度和技术是解决生态环境危机、协调人与生态环境关系的主要支柱和路径。积极倡导绿色科技，摒弃将科学技术看作是人类操控自然工具的意识，树立敬畏自然的生态科学技术观。加强环境法制建设以调整人们在开发利用和保护生态环境、自然资源活动过程中形成的社会关系，使之既符合生态规律，又符合社会经济规律，从而达到人与自然之间关系的和谐。加强环境意识教育、知识教育、技能教育、态度教育，引导人们以可持续发展的方式生活，形成人与自然和谐发展的环境态度与责任感。学校、社会和家庭是环境教育的三大平台，在生态价值观培育和形成中发挥的是"三位一体"的作用。未来促进生态文明意识和社会的形成，应重点强化环境危机、环境伦理、环境行为三个方面的教育。

21 世纪以来，建设生态文明已经成为我国现代化建设的重要战略。党的十八大报告将生态文明提到一个前所未有的战略高度，与经济建设、政治建设、文化建设、社会建设一道，纳入社会主义现代化建设"五位一体"的总体布局中；十九大报告提出，"建设生态文明是中华民族永续发展的千年大计"；2018 年宪法修正案，"推动物质文明、政治文明、精神文明、社会文明、生态文明协调发展"被写入宪法序言。建设生态文明需要以科学的价值观为指导，科学的生态价值观是生态文明建设的"意识形态"。期望我国在科学的生态价值观指导下，推动生态文明不断发展，与物质文明、精神文明、政治文明、社会文明一起，共同支撑起富强民主文明和谐美丽的社会主义现代化强国大厦。

Contents

目 录

第一章　绪　论

　　人类面临的生态危机，本质上是文化和价值观层面的危机，其根源在于我们陈旧的价值观念所导致的行为模式、社会政治、经济和文化机制方面的缺陷。人类必须确立保证人与自然和谐相处的新的价值观念、消费模式、生活方式和社会政治机制，才能从根本上克服生态危机。

第一节　生态价值观

一、生态文明的"意识形态"

（一）时代发展呼唤生态文明

　　生态文明是人类文明发展的一个新的阶段，是一种新型文明形态。是人类遵循人、自然、社会和谐发展这一客观规律而取得的物质与精神成果的总和，是以人与自然、人与人、人与社会和谐共生、良性循环、全面发展、持续繁荣为基本宗旨的社会形态。

　　人类从自然界中分化出来已经有300多万年的历史。在这漫长的历史中，人类文明的进化经历了原始文明（采集与狩猎文明）、农业文明和工业文明三大阶段。工业文明已历时 300 多年，它为人类创造了以往无法比拟的财富。但是，工业文明是建立在大量消耗自然资源和排放废弃物的工业经济的基础之上的，因而严重地损害了人类赖以生存和发展的生态系统。从工业文明走向生态文明，建设生态文明社会是实现可持续发展的必然途径。

2007 年党的十七大报告提出："建设生态文明，基本形成节约能源资源和保护生态环境的产业结构、增长方式、消费模式。"首次把"生态文明"写进党代会报告。报告还强调，使"生态文明观念在全社会牢固树立"十八大报告将生态文明提到一个前所未有的战略高度，将其与经济建设、政治建设、文化建设、社会建设一道，纳入社会主义现代化建设"五位一体"的总体布局，强调生态文明建设融入经济建设、政治建设、文化建设、社会建设各方面和全过程。十九大报告提出，"建设生态文明是中华民族永续发展的千年大计"，"形成绿色发展方式和生活方式，坚定走生产发展、生活富裕、生态良好的文明发展道路"。

2018 年《中华人民共和国宪法修正案》，将生态文明写入宪法序言"推动物质文明、政治文明、精神文明、社会文明、生态文明协调发展"，体现了党和国家对社会主义建设规律认识的深化和发展，是对中国特色社会主义事业总体布局的丰富和完善。"生态文明"入宪，也为生态文明建设提供了强大的精神指引和有力法治保障。物质文明、精神文明、政治文明、社会文明与生态文明"五个文明"一起，共同支撑起富强民主文明和谐美丽的社会主义现代化强国大厦。

（二）生态价值观是生态文明建设的"意识形态"

生态文明是一种发展理念，也是一种新的文明。建设生态文明，就需要有适当的意识形态作保障。生态价值观作为生态文明建设的"意识形态"，是不可或缺的。秉持什么样的生态价值观，就会有相应的行动并形成相应的生态环境关系。

工业文明秉持的人与自然的"主客二元论"下的生态价值观，以"人类中心主义"为核心，认为人类的一切活动应当以人的利益为出发点和归宿，把自然界看成满足人类需要的被动的客体。只承认自然生态系统的工具价值，而忽视自然的内在价值，导致了严峻的生态环境危机。西方传统哲学认为，只有人是主体，其他生命和自然界是人的对象；因而只有人有价值，其他生命和自然界没有价值；因此只能对人讲道德，无须对其他生命和自然界讲道德。这是工业文明人统治自然的哲学基础。

马克思主义认为人是自然界发展的产物，是自然界的一部分，其生存与发展依赖于自然界，需要用辩证唯物主义的观点认识永恒运动、变化、发展中的物质世界。在人与自然的关系中不仅人有价值，自然也有价值；不仅人有主动性，自然也有主动性；不仅人依靠自然，所有生命都依靠自然。因而人类要尊重生命和自然界，人与其他生命共享一个地球。

社会经济的发展到现阶段，需要人类发展的价值观从重经济发展轻环境保护向保护环境与发展经济并重转变，从环境保护滞后于经济发展向环境保护与经济发展同步转变，从主要用行政办法保护环境向综合运用法律、经济、技术和必要的行政办法解决环境问题转变；需要牢固树立人类与自然和谐共存的价值理念。

二、生态价值观的作用

（一）价值观的内涵

价值观是人们对客观世界及行为结果的评价和看法，即认定与理解事物、判定是非、指导行动的一种思维观念或价值取向。价值观决定于一定社会的物质社会条件，是社会政治、经济等在意识形态上的反映，是人对所处社会环境中诸多表象及观念的集合，一定程度上记录了一个时代发展的各个方面；另一方面，价值观一旦形成就会影响人的行为，对人的行为起导向、支配和调节的作用，影响社会制度的建立和社会发展的方向。

价值观具有相对的稳定性和持久性，具有历史性与选择性，具有主观性。通过对价值观演变及其实践的分析和研究，我们能够更清晰地勾勒出这一时代的政治经济文化发展的历史面貌，更清楚看到发展的方向。

价值观对动机有导向的作用。人们行为的动机受价值观的支配和制约，价值观对动机模式有重要影响，在同样的客观条件下，具有不同价值观的人，其动机模式不同，产生的行为也不相同。只有那些经过价值判断被认为是可取的，才能转换为行为的动机，并以此为目标引导人们的行为。

（二）生态价值观内涵与作用

生态价值观是人们长期认识自然，利用和改造自然过程中，逐渐产生的有关生态环境意义、好坏、美丑、利害等观点和看法，以及人类利用生态环境的基本价值取向。生态价值观决定着人与自然或生态的基本关系，其形成需要经过一个长期的过程，生态价值观一旦形成，对人类经济社会行为的影响是久远的。

生态价值观在调整人与自然界关系中具有非常重要的作用。人类作为人与自然关系中的主体，其价值观如何，直接关系到人与自然间的基本关系。以自然中心主义、人类中心主义、现代人类中心主义、生态中心主义为特色的生态价值观具有不同的内涵和价值取向。目前可持续发展理念已经成为全人类的基本共识，以此为基础的生态价值观逐渐形成，并在不同层面、不同领域、不同国家或区域指导着人们的行动。

三、生态价值观研究的意义

(一) 确立调整人与自然关系的基石

由生物群落及其生存环境共同组成的自然生态系统，作为自然界的核心组成部分，是包括人在内的生命有机体生存和发展的物质条件及环境；以人为主体的经济社会与以自然为客体的自然生态系统长期相处，建立了人与自然的基本关系，是科学的生态价值观形成的客观基础。

人类的价值取向决定着人类的行动。目前，保护环境、加强生态建设、促进人与自然的和谐、实现可持续发展，已经成为国际社会的共识和行动。实现人与自然的和谐发展，既需要相关的法律制度、政策措施和科技手段，也需要人们在正确价值观指导下的道德自觉。强化人们的生态伦理观念，树立正确的生态价值观，是生态文明建设不可或缺的重要环节，也是解决环境和生态问题的基础和新视角。

所以，科学的生态价值观的确立是实现人与自然和谐共处的基石。它以保护生态环境为宗旨，以人类持续发展为着眼点，强调人的自觉自律，强调人与自然相互依存、相互促进、友好相处、共存协调演进。

生态价值观的研究与构建，对于人与自然的长久利益与长远发展来说，具有更加重要的理论与现实意义，为人类重新认识自身的价值和意义提供了一种全新的尺度，人的一举一动被放在了"人—社会—自然"这一大的坐标系之中，如此就使得人类能够逐渐对人与自然的关系进行全面整体的认识和把握，对人类行为可能给自然界造成的多种结果进行全面的认知和把握，以及对人类所应承担的对自然的责任和义务的整体认识和把握。

(二) 生态文明建设的行为指南

人类在其不断进步的历史长河中，经历了原始文明、农业文明、工业文明等时期，人与自然的关系不断演化，相应地人们的生态价值观也发生了变化。经历了依附自然、利用自然、征服自然和改造自然等认识和行为的转变。尤其是工业文明的兴起，开始了人类活动大规模作用于自然的时代，征服自然的逐步胜利和对自然认识的深化，在加快人类对自然索取的同时，也使人类产生了主宰自然、奴役自然、支配自然的行为哲学和价值观，"人定胜天""认识自然、征服自然、改造自然"等成为人类的响亮口号。这些都反映了一切从人类的利益出发、维护人类的权利成了人类活动的根本出发点或最终的价值依据。这种结果导致了人类只是片面地强调了人是自然的主人，人们的实践活动总是自觉不自觉地将人类自身的需要放在第一位，并以此来决定对自然的态度和自身的行为方式。这便成了工业革命以来人类粗暴地干涉自然、随意破坏生态环境的理论依据和价值观。实践证明，人类生态意识的淡薄，生态价值观的缺陷，人与自然关系的错位是生态危机产生的根源。

展望未来，人类在沉痛反思自己行为和价值观的同时，必将迎来人与自然和谐相处的新时代，即生态文明时期的到来。生态价值观的建构必须基于对人与自然关系重新认识的基础之上，特别是对自然的价值及其权利的新认知，重新定位人类自身的行为方式，改造不合时宜的旧有价值观念与权利的评判标准，科学而理智地使用自己的权利，使得人能够自主、自觉地承担必要的责任和义务，实现人类与资源、环境的持续生存与发展。以史为鉴，探讨生态价值观的演化及其对实践的影响，对建设生态文明具有重要的借鉴意义。

不仅如此，目前在关于人与自然关系的认识上，存在着自然中心主义，人类中心主义、生态中心主义等派别，或人类中心主义与非人类中心主义的区别，并形成了相应的学术流派。因而他们所持有的生态价值观也存在较大差异。在可持续发展日益深入人心的今天，有必要对不同的生态价值观进行研究，挖掘其合理内核，构建合理的价值取向，指导我们的经济社会行为。

（三）破解生态环境问题的理论指导

21世纪中国的经济社会发展，面临着极为严峻的资源和环境的挑战。具体表现在：主要污染物排放量超过环境承载能力，流经城市的河段普遍受到污染，许多城市空气污染严重，酸雨污染加重，持久性有机污染物的危害开始显现，土壤污染面积扩大，近岸海域污染加剧，核辐射与环境安全存在隐患。生态破坏严重，水土流失量大面广，石漠化、草原退化加剧，生物多样性减少，生态系统功能退化。发达国家上百年工业化过程中分阶段出现的环境问题，在我国近三十多年来集中出现，呈现结构型、复合型、压缩型的特点。环境污染和生态破坏造成了巨大经济损失，危害群众健康，影响社会稳定和环境安全。未来15年我国人口将继续增加，经济总量将再翻番，资源、能源消耗持续增长，环境保护面临的压力越来越大。

因此，必须从物质文明、精神文明、政治文明和生态文明的高度，建立科学的生态价值观和科学发展观。党的十七大报告首次提出"建设生态文明，基本形成节约能源资源和保护生态环境的产业结构、增长方式、消费模式"。十九大报告要求："必须树立和践行绿水青山就是金山银山的理念，坚持节约资源和保护环境的基本国策，像对待生命一样对待生态环境，统筹山水林田湖草系统治理，实行最严格的生态环境保护制度，建设美丽中国，为人民创造良好生产生活环境，为全球生态安全做出贡献。"2018年全国生态环境保护大会，习总书记首次提出要加快构建生态文明体系。[1] 这一系列新思想、新论断、新提法、新举措，作为全民的价值取向，将是解决我国面临的生态环境问题的科学指导，在实现全面建设小康目标的过程中，促进人与自然的和谐发展。

---

① 《全国生态环境保护大会召开》，载《人民日报》，2018年5月20日01版。

第二节　生态价值观研究的理论支撑

一、学科理论与借鉴

（一）哲学与伦理学

哲学是理论化、系统化的世界观，是对自然知识、社会知识和思维知识的概括和总结，是世界观和方法论的统一。哲学的特点是抽象性和普遍性，对象是自然、社会、思维发展的一般或普遍规律，是各门具体科学的理论指导。

伦理学是关于道德的科学。伦理学以道德现象为研究对象，不仅包括道德意识现象，而且包括道德活动现象及道德规范现象等。

伦理学与哲学有着密切的关系。哲学是伦理学的理论基础，人们的世界观和历史观对人们的道德实践有着直接的影响。同时，伦理学与美学、心理学、社会学以及教育学等学科也相互影响、相互渗透。随着社会政治、经济、文化和科学技术的发展，伦理学的理论在分化与综合、对立与融合中逐步完善，其研究的领域也在不断扩大，环境伦理学已经成为现代伦理学的主要研究领域之一。

哲学和环境伦理学对人的价值观形成具有重要影响，我们今天面临的生态环境危机，一定程度上正是世界观和伦理上出现了欠缺。因此，依据上述两学科的基本理论，探索人类生态价值观的变化，是本书的出发点。

（二）生态学

生态学（Ecology）是研究生物与环境，生物与生物之间相互关系的生物学分支学科，生态系统是生态学的研究对象。生态系统是一个整体系统，是一个动态的开放系统，是一个具有自组织功能的稳定的复杂系统。20 世纪 90 年代开始关注生态系统的整体性理论研究和生物多样性研究，代表了现代生态学的研究方向。整体论是现代生态学最重要的思想，除研究生物个体、种群和生物群落外，已扩大到包括人类社会在内的多种类型生态系统的复合系统。人类面临的人口、资源、环境等几大问题都是生态学的研究内容。

生态学的基本理论是本书的主要支撑理论，其中整体论的思想和多样性的思想对指导人与自然间的关系及和谐发展具有重要意义，是对传统的主客二元论的修正。本书在价值观分析和现代生态价值观的重构阐释中，体现这些思想和理念。不仅如此，生态学作为一种科学的思维方法、一种科学的世界观和方法论，在生态问题成为全球性重要问题的今天，用生态学的观点来认识人与自然的关系，用生态学的方法来解决环境与发展问题，是一种崭新的世界观和方法论。

（三）生态经济学

生态经济学（Ecological economics），是研究生态系统和经济系统的复合系统的结构、功能及其运动规律的学科，即围绕着人类经济活动与自然生态之间相互作用的关系，研究生态经济结构、功能、规律、平衡、生产力及生态经济效益，生态经济的宏观管理等为内容的一门学科，旨在促使社会经济在生态平衡的基础上实现持续稳定发展。

生态经济学是以自然科学同社会科学相结合来研究经济问题，从生态经济系统的整体上研究社会经济与自然生态之间的关系。基本理论包括社会经济发展同自然资源和生态环境的关系，人类的生存、发展条件与生态需求，生态价值理论，生态经济效益理论，生态经济协同发展理论等。

利用生态经济学的理论阐释人类的行为及其产生的观念差异是本书的重要内容。

(四) 环境法学与环境教育

法学又称法律科学，是一切以法律现象为研究对象的学科的总称。法律意识、法律关系、法律行为等法律现象，都是法学的研究对象。环境法学是法学体系的内容之一，环境法是由国家制定或认可的，为实现经济和社会可持续发展的目的，调整有关保护和改善生态环境、合理利用自然资源、防治污染和其他公害的法律规范的总称。法律总是体现一定社会的政治的、经济的实际利益的需要，体现立法者的思想和观念，以刚性的规范强制全体社会成员遵守。利用法律规范调整人与自然的关系是现代社会生态文明转向的重要标志。利用法律手段，可以促进现代生态价值观的形成和转变。

环境教育针对环境意识、知识、技能等方面教育，主要目的是培养人们的生态伦理道德、生态保护意识、处理生态问题的能力，领悟生态知识，形成以"和谐"和"依存"为主线的生态文明观，改变传统的以"征服"和"改造"为主线的自然观，为构建和谐社会与环境友好型社会发挥应有的作用。宗旨是使人们以可持续发展的方式生活，形成人与自然和谐发展的环境态度与责任感。

二、相关研究与借鉴

(一) 人类自然观

人类的自然观是生态价值观研究的基本点。综合已有的研究，人类的自然观可以归纳为以下几类。(1) "主—客"二分，即人是主体，自然界是客体。弗朗西斯·培根认为，让人类以其努力去控制大自然，这种权利是由神的赠予而赋予人类的。对自然的认识和征服就是出自对上帝的爱和对人类的爱，是人世间最宝贵的东西。在西方人的哲学中，人类都被放置在一种特殊的位置上，处于"自然世界"之外，高于并超越它。"人类中心"（Anthropocentric）是其典型代表。（2）系统组成论。认为人与自然界中其他存在物（生命的、非生命的）一样，同属于自然生态系统构成中的一分子或一个组成部分，人与其他自然存在物就是一种"平等"关系。人类与其他生物都有其存在和发展的固有的"内在价值"，每一主体生存发展的命运只能从其自身寻找解释，而非由与其他生物的关系决定。人与其他自然物之间难以区分谁为主、谁为客。（3）依存自然论。虽然人类同其他生物和无生命的物质相比具有许多不同的特征，特别具有高度的能动性和创造性，但是人类本身是自然长期进化的结果，而且始终同自然之间保持着物质、能量和信息的交流。没有人类，自然照样存在，即自然不依存于人类，但是人类只有在一定的自然环境中才能生存，即人类始终依存于自然。（4）利用价值论。人类把人以外的自然物作为认识、利用和改造的对象，使直接的自然物或被人改造过的自然物为人所用、为人服务。

（二）生态世界观

传统的世界观认为，人是自然的支配者和操纵者，天生就是侵略性的，有强烈的国家意识，以生产率、物质进步、经济效益和经济增长为首要目的①。有研究认为传统世界观有四大特点，即关于存在论的主客体二元论、认识论上的还原主义、方法论上的分析主义和仅承认人的内在价值的人类中心主义②。与传统的世界观相对应，生态世界观认为，世界的存在是"人—社会—自然"复合生态系统，世界本原（本体）不是纯客观的自然，也不是脱离自然的人，而是"人—社会—自然"的有机整体，它是活的系统，人与自然的关系实际上是一种生态关系，主体与客体没有绝对不可逾越的界线，自然的价值是工具价值和内在价值的统一，知识的确定性和真理性具有相对意义。认为人在"人—社会—自然"系统中只是系统的一部分，把人提高到

---

① ［英］拉塞尔：《觉醒的地球》，王国政、刘兵、武英译，东方出版社1991年版。
② 傅华：《生态伦理学探究》，华夏出版社2002年版。

最高价值的高度，任其为所欲为是不符合潮流的。① 西方学者纳什认为，人类自我意识的觉醒，经历了从本能自我（ego）到社会自我（self），再从社会的自我到形而上的"大自我"（Self），即"生态的自我"（Ecological self）的过程。同时有关学者提出了可持续发展的世界观：协调观、系统观、社会平等观、全球观、效益观、资源观。② 可持续发展系统是"以人为本""有人参与"的系统。人类的利益体现在三个层次：经济效益、社会效益、生态效益。生态利益是人类的最高利益，目标是包括人类之内的生态系统的可持续性。可持续发展理论主要有三大支撑体系：社会伦理学原理，可持续的经济学原理，符合生态文明要求的生态学原理。上述观点是本书的主要参考和借鉴。

（三）生态伦理

生态伦理思想自古有之，一些朴素的生态伦理思想被运用到人类的社会实践中，形成了如我国"天人合一""道法自然"等生态伦理观念。但由于受认识水平、认识程度的限制，古代的生态伦理思想是不完整不系统的，对自然的认识也是局部的和有限的。

工业革命以来，由于工业生产的蓬勃发展和工业文明的逐步形成，彻底改变了人与自然的关系，因此在传统的道德观念里，人们往往忽视了生态环境，忽视了环境道德，并未将环境污染与环境破坏视为道德问题，直到20世纪环境危机日益严重时，才开始有学者提出将伦理观念从人类社会扩展到整个自然界或生态系统。他们呼吁要放弃人类统治自然的哲学，建立尊重自然、保护环境、讲究道德的哲学，主张将人类从"大自然的主宰"归位到"自然大家庭中普通的一员"，提出既要遵守人与人之间的道德也要遵守人与自然界之间的道德。

---

① 余谋昌：《生态哲学》，陕西人民教育出版社2000年版。
② 牛文元：《持续发展导论》，科学出版社1994年版。

因此，西方的学术界开始系统研究生态伦理问题，并逐步形成为系统性的学科——生态伦理学。从发展特征看，西方关于生态伦理学的研究经历了19 世纪下半叶到 20 世纪初的孕育阶段、20 世纪初到 20 世纪中叶的创立阶段、20 世纪中叶到目前的系统发展阶段。经过三个阶段的发展，已经形成较为完整的学科，涵盖了理论、实证、技术、社会等各个方面。不同的阶段研究的重点不同，观点和流派也不同，主张也存在较大差异。概括起来，主要形成了传统人类中心主义、现代人类中心主义、自然中心主义、生态中心主义等流派。

我国生态伦理学的发展仅 30 多年的时间，同样形成了几派：如非人类中心派、人类中心派、"超越和整合"派等。无论何种流派，其关于生态伦理的研究都涉及生态伦理的理论、对象、实践基础等方面，是本书的主要参考和借鉴。

（四）生态系统价值理论

生态系统的价值包括生命支撑价值、经济价值、消遣价值、科学价值、审美价值、生命价值、多样性与统一性价值、稳定性与自发性价值、辩证的价值、宗教象征价值等。有的研究认为生态系统：具有整体有用性、不确定性、时效性、空间差异性、多样性、共享性等特性，拥有直接使用价值、间接使用价值、选择价值、遗产价值等多重价值，并有轻重之分。"生态"不仅包括有机生命与无机环境之间的协调关系，还包括有机生命之间、有机生命个体与群体之间的协调关系，是一个相互依赖、相互促进、共同进步的有机整体。

（五）生态经济理论

生态经济学是一种以"生态经济"为研究对象的经济学理论。"生态经济"是一种与"农业经济"和"工业经济"相对而言的经济形态或经济发展模式。其本质和核心内容是使基于劳动的经济过程所引发的人与自然之间物质代谢及其产物，逐步比较均衡、和谐、顺畅与平稳地融入自然生态系统自身的物质代谢之中的过程。它立足于当代人类对经济与环境的辩证关系的深刻认识，强调在经济活动中节约资源和保护环境的同等重要性，要求经济效益和环境保护并驾齐驱。生态经济学呼吁人类发展生态经济，追求以节约资源、能源和减少污染为前提的生态经济效益，要求人类在经济活动中实现经济与环境的协调统一。

生态经济的理论和原则，一般认为应遵循下列原则：即人与自然和谐共存的理论与原则；生态基础制约与经济主导的理论与原则，体现生态与经济辩证统一的观点；生态安全性和经济有效性兼容的理论与原则；生态效益、经济效益、社会效益统一的理论与原则。[①]

第三节　本书的框架结构与核心观点

一、研究方法与逻辑框架

（一）研究方法

以现代科学的视角，利用历史归纳总结的方法对生态价值观的演变轨迹进行梳理；基于人文科学的理论，利用推理演绎的方法，对生态价值观的基本内核进行阐释；利用实证分析的方法，对我国经济社会发展进程中的生态价值理念进行透视。在此基础上，对重构生态价值观的途径进行阐述。技术路线如图1-1：

---

① 曹明德：《生态法原理》，人民出版社 2002 年版。

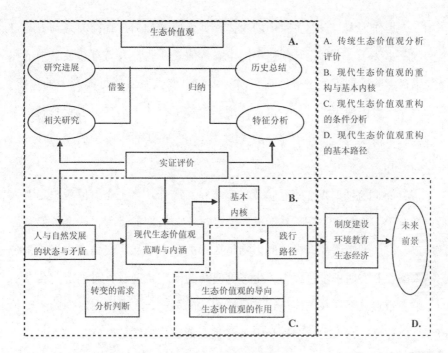

图 1-1 技术路线

（二）主要内容

（1）生态价值观的基本内涵与特点。利用归纳总结的方法，系统总结自然中心主义、人类中心主义、现代人类中心主义、生态中心主义等不同派别关于人与自然关系的基本观点和特征，从中梳理生态价值观的基本内涵、特征和基本理论。重点在下列几方面进行了阐释与论述：第一，基于可持续发展理念的生态价值观的基本内核与特征。可持续发展理念已经成为全人类的基本共识，并在不同层面、不同领域、不同国家或区域将这一理念付诸实施。但是，由于人们对可持续理念的认识不同，所以所持的生态价值观也不同，所实施的行动也就千差万别。因此，有必要厘清基于可持续发展理念的生态价值观的基本内核和原则。本书以可持续发展理念为切入点，详细剖析了生态价值观的基本理论内核。第二，生态价值观在调整人与自然关系中的作用。人类作为人与自然关系中的主体，其价值观如何，直接关系到人与自然间的基本关系。本书系统阐述不同生态价值观在调整人与自然关系中的积极与消极影响，剖析生态价值观扭曲对人与自然关系发展可能产生的危害。第三，生态价值观与经济社会行为。阐释个体、群体、地方、国家等利益群体的生态价值观对生态环境演化的影响。第四，东西方生态价值观的基本出发点与差异。

（2）不同文明时期生态价值观的基本特点与作用。生态价值观决定着人与自然或生态的基本关系，其形成需要经过一个长期的过程，一个价值观一旦形成，对人类经济社会行为的影响是久远的。本书从历史角度出发，系统归纳人类在其文明进步过程中，生态价值观的演变轨迹及其对经济社会发展的影响。重点从下列几方面进行了简要阐述。第一，农业文明时期的生态价值观。农业文明在人类社会进步中占有重要地位，持续的时间也最长，这一时期人与自然的关系有其独特性和重要的价值。第二，工业文明时期的生态价值观的形成与演变轨迹。工业革命以来，由于工业技术的进步彻底改变了人与自然环境间的关系，由此也导致了工业社会生态价值观的改变。本书从这一时期人对自然的基本认识、工业生产与自然环境的基本关系、工业技术进步对人与自然关系的影响、工业生产活动扩张与关键生态要素间关系等方面，归纳工业文明时期生态价值观的基本内核及演化轨迹，以及对现代社会的影响。同时，重点分析不同生态价值观的积极与消极作用，深入剖析现代生态危机产生的原因。第三，生态文明时期的生态价值观形成及对现实与未来社会发展的影响。近半个世纪以来，人们开始对工业文明时期形成的生态价值观不断进行反思，探索新的发展模式和人与自然协调发展的途径，新的生态价值观即生态文明价值观开始逐步形成。本书从人对自然的基本认识的转变、可持续发展与自然环境的基本关系、现代技术进步对人与自然关系的影响、人类调控自然能力的增长与关键生态要素间关系的转变等方面，归纳生态文明时期生态价值观的基本内核，以及对现代社会和未来社会的影响。第四，生态价值观演变所折射的人与自然的关系。用历史归纳的方法，梳理人类社会生态价值观演化的基本轨迹和特点，系统分析造成生态危机的主要因素以及可能产生的深远影响。

（3）生态价值观与生态经济。生态经济是以建立经济、社会、自然良性循环的复合型生态系统为目标，以经济效益、社会效益、生态效益的高度统一为原则，遵循生态学原理和经济规律的经济发展模式。其本质就是把经济发展建立在生态环境可承受的基础之上，在保证自然再生产的前提下扩大经济的再生产，从而实现经济发展和生态保护的"双赢"。本书从下列几方面阐述生态价值观与生态经济间的关系与基本模式。第一，经济行为的生态价值观重构；第二，发展生态经济的障碍与矛盾冲突；第三，生态经济建设的行动方向；第四，我国生态经济建设的态势与挑战。

（4）生态价值观与环境立法。制度与法制建设是实现可持续发展的保障，而价值观又是制度建设的前提。因此探讨环境立法与生态价值观间的关系是非常必要的。本书从三方面进行阐释：第一，生态伦理与环境法制建设的关系，重点从意识层面探索了生态价值观在环境法制建设过程的作用与意义。第二，国内外环境立法的实践评述。对世界上典型国家在环境立法过程和实施效应进行分析，评价其中价值取向和价值观的基础。第三，我国环境立法的价值取向研究。重点探讨我国森林法中的生态价值观。

（5）生态价值观与环境教育。环境教育是人认识和理解环境进程、发展与环境关系的主要途径，是引导人们建立正确的生态价值观的必要手段。本文就环境教育的途径和目的等进行了探讨。第一，环境教育的基本内容与目的，第二，环境教育与生态价值观的关系，第三，环境教育的基本平台与作用。

（6）我国经济发展的生态价值观透视。生态价值观的变化直接决定着经济发展与生态环境之间关系。近 40 年来，我国经济发展取得了世界瞩目的成就，无论是总量规模，还是经济结构，或是经济布局，都发生了巨大变化。这些变化，直接导致了我国国土范围内人与自然环境的巨大变化，也导致了生态价值观的调整与转变。透视我国不同时期经济发展过程中的生态价值观，可以深入认识我国经济发展和增长方式转变的基本国情基础，以及生态环境问题出现的主要原因。本书从下列几方面透视我国经济发展过程中的生态价值观及其指导作用。第一，计划经济时期的经济—生态关系；第二，经济建设为中心时期的经济—生态关系；第三，科学发展观下经济—生态关系；第四，地方发展意识与生态整体性的冲突；第五，物质文明需求与生态承载的冲突；第六，实现人与自然协调发展的途径。

（7）绿色发展战略与途径。"绿色化"已经成为我国国家治理的国策和政治任务，将对我国经济社会发展产生重大而深远的影响。但如何认识绿色发展的时代性还没有形成普遍的共识。本书以新"五化"——中国特色新型工业化、信息化、城镇化、农业现代化、绿色化的基本理念和我国生态文明建设的基本精神为依据，阐释推进我国绿色发展的时代性和主要路径。阐释绿色化发展是我国回归世界中心的时代使命、全面建成小康社会的历史使命、新型工业化的战略使命、加强生态环境保护的现实使命等观点，提出人与自然再平衡、产业绿色化改造、绿色消费和绿色发展制度建设的战略途径。

二、核心观点

（一）"人然相融"的自然观

生态文明背景下人与自然关系是"和谐共生"，作为自然系统一分子，人类发展必须秉承与自然融合、协调发展的价值观，坚持人与其他自然存在物的"平等"关系，摒弃"主—客"二元论的价值观。"人然相融"自然观的道德标准：维护"社会—生态"系统的整体性和延续性；维护生命共同体的完整、稳定和美丽。

（二）"五论"内核的生态价值观

在系统归纳前人研究的基础上，提出现代生态价值观"五论"的观点，就是以整体性的认识论、关联性的系统论、经济上的循环论、资源利用的俭约论、关系维系的协调论认识和规范人与自然关系的基本价值观，并提出了"人然相融"的观点。

（三）"五适"准则的行为观

第一，理性回归"适应"自然主线。遵循自然规律，关注自然生态的脆弱性；严格控制人口数量，保护生态系统的多样性。第二，采取"适度"的规模与技术"改造"和"利用"自然。第三，以"适当"行为方式促进人类社会的可持续发展。建立循环经济、绿色生活、理性增长的行为准则。第四，以"适量"的标准规范人类的消费行为，坚持适量占用资源、适度消费、理性消费的基本准则。杜绝奢靡消费和过度消费。应将生态约束纳入经济理论之中。第五，遵循自然规律"适时"调整人与自然关系。

第二章　生态价值观的形成与演变

　　人类自从在自然界诞生之日起，就与自然界存在着密切的关系，这种关系从简单到复杂，从单向到双向，从依附到征服，从附属到主宰，等等，是一个不断演进变化的过程。这种关系的变化，既主导着人对自然界的认识，也反映人对自然界的行为，产生了不同内涵的价值观念。总体上看，人类活动与生态环境间相互作用的历史进程大致经历了混沌阶段、原始共生阶段、顺应生态环境阶段、大规模改造自然阶段、人与自然协调五个阶段。后四个阶段对应的是原始文明时期、农业文明时期、工业文明时期和生态文明时期，生态价值观也相应地表现出不同的特征。

第一节　价值观与生态价值观

一、价值的基本内涵与分类

　　"价值"一词作为学术研究和日常生活中应用最广泛的一个名词，不同的学科、不同的人对"价值"一词的理解是不同的。因此，在讨论生态价值观时，首先把握"价值"的含义和本质特征，是澄清许多有关争论的关键所在。

（一）学科体系中的价值概念

"价值"一词作为学术用语，从学科体系方面看，具有三种不同的含义。

一是作为政治经济学概念的"价值"。马克思认为，商品具有价值和使用价值，价值是凝结在商品中的一般的人类劳动，使用价值是商品的有用性。商品作为用来交换、满足人们某种需要的劳动产品，具有"交换价值"。所谓交换价值，特指商品内在的社会本质特征，商品交换的社会尺度；价格则是交换价值的货币形式。这种"价值"，是政治经济学研究领域所特有的、专用的概念。二是政治学、法学、历史学、社会学、宗教学、伦理学、美学、教育学等人文社会科学和自然科学中的"价值"概念，特指某个客体对某个主体所具有的意义，兼有"好""有用""善""美""宝贵""重要""有意义"等含义。这些学科就各自领域和各自层次对价值问题加以研究，形成各自专门的价值理论。其特点是对"价值"做狭义的理解和使用，表现为把"价值"同其他同质范畴看作是同等的、并列的概念形态。三是哲学所说的"价值"。这是对功利、道德、审美以及政治、法律、历史、社会活动、宗教和科学技术等具体价值的共性的最高概括和抽象，成为"价值一般"，即泛指在主体认识和改造客体的实践中，客体对于主体的某种意义。①

（二）以人为主体的价值概念

根据认识的角度不同，以"人"为主体的关于价值的具体定义存在下列几种。

（1）价值是指自然的资源、矿产、宝藏、生态与人类生活和商业交换的不可或缺的联系，以及凝结在或物化在商品中的人类劳动信息的痕迹。

---

① 傅华：《生态伦理学探究》，华夏出版社2002年版。

（2）价值是知识的内在规定和组成部分。价值是知识所具有的属性和能力，任何知识对人类的生存和发展都具有意义和效用，对人类的进步和发展不具有任何意义的知识是不存在的。

（3）价值是社会意识的内在规定和组成部分。社会意识是人脑产生的指挥人在社会中生活和行为的意向、意念、理想、法则、方案、路线、政策。

（4）价值是社会意识具有的属性和能力，是社会意识的组成部分。任何社会意识都具有指导人在社会中如何生活和行为的意义和效用。如，真理是对人类社会、对绝大多数人的生存和发展具有重大意义和价值的社会意识。对绝大多数人的生存发展具有重大意义和价值是真理的属性和组成部分，是真理的唯一标准。

（三）本书的价值解析

价值是客体具有的功能或属性，这些功能或属性能够对主体产生一定的意义和作用。从属性或功能的范畴看，价值反映客体的特质；从关系范畴看，它反映客体对主体的意义。价值包括正价值和负价值，既具有正面意义也具有负面意义，是正面意义和负面意义的统一体，是正面价值和负面价值的统一体。

"价值"作为一个概念，可以认为是以"人"为主体形成的，价值是表示物与人的一种关系，或用马克思的话来说，"'价值'这个普遍的概念是从人们对待满足他们需要的外界物的关系中产生的"，是"人们所利用的并表现了对人的需要的关系的物的属性"①。价值具有三个内在特征。第一，人是实践者、认识者，是主体；客观世界（包括自然、社会和人本身）是实践对象和认识对象，是客体。第二，主体根据自己的"内在尺度"，即主体自身的结构、规定性和需要，对客体进行认识、利用和改造。第三，客体以自己

---

① 《马克思恩格斯全集》第19卷，人民出版社1963年版，第406页。

的属性，接受主体的改造和规定，带上主体赋予的特征，满足主体的需要。

二、价值的本质

从本质上看，价值的存在体现在三方面。

（一）价值是"人"认识与感知世界的观念形态

价值是以人的评判意识为媒介而成立的，是"人"关于物质、现象、关系等方面的评价意识的投影，是某种精神性的东西或精神的产物。它只产生并存在于人对客观事物的评价之中，不属于客观世界的独立存在，所以，价值是属于人的欲求、旨趣、情感、意向、好恶态度等主观观念的感受状态。

上述概念形态，从源泉上看，来自两个方面。一是自然进化形成的意识。通过长期的自然与社会的进化和演化，人类在自己的意识中形成了固定的基因，能感受到自然界中物质的效用性，并形成了固定的观念形态。二是人类文明进步的积累。人类在不断发展与演化中，形成了自己的内在特性，这些特性直接左右着自身的意识和看法，久而久之就形成固定的观念形态，成为价值观的内核。这些例子不胜枚举。例如，人类对森林作用的认识就充分体现了这一点。早期的人类只将其作为生存环境来看待；工业革命以来，其资源实物性属性被赋予了较高的地位，其他作用被忽略；近年来，由于人类对环境问题越来越重视，森林的生态功能开始被高度重视，其生态价值也就体现出来了。

既然是观念形态，其自然而然就存在利己与利他性。从历史的演进看，人类对价值的理解多从利己性出发来界定，而对利他性的内涵则重视不够。

古希腊哲学家柏拉图把价值看作是"理念"的等级阶梯。他认为，理念本身是永恒不变的、单一的、不可分割的完整的本体，它构成了一个客观独立存在的唯一真实的世界，人的感官所接触的具体事物所构成的世界则是不真实的虚幻世界，价值就是这种理念中的等级阶梯：处于最高等级的是"善"，以下依次是"智慧""勇敢"等伦理学理念。

（二）价值是度量有用性的尺度

价值除了本身是人认识世界的一种观念形态外，还是人度量事物"有用性"大小的尺子。人们在认识和评价某事物有用性的同时，往往还必须判断这些"有用性"的大小，而这种大小的度量就是我们理解的价值的大小。主要有下列几方面：一种对自然物有用性的度量，如植物对人类生存所需营养供给大小的状况，矿物资源可利用程度等等。二是对作用关系的度量，包括人与自然、物与物之间、人与人之间关系的程度。三是对精神世界的度量，如对"善"和"恶"程度的判断等。这些度量，有的可以用现代自然科学手段标定，有的则只能感受或经验来判断。

（三）价值是反映主客关系的基本状态

价值是作为社会实践中主体和客体相统一的一定关系和内容而存在的，是主客体之间在社会实践中的一种客观的特定的关系状态，即"关系态"或"关系质"，也就是客体的存在、属性同主体的需要、能力是否一致的状态和性质，是主客体相互作用的过程和结果对于主体的意义，其最终的存在形态是这种作用所形成的主体性事实。因此，对价值的本质的理解取决于对作为主体的人的本质及其社会存在方式——实践的理解。

三、价值的有效域与产生过程

（一）价值只适用人对世界的认识与评价范畴

在无限的宇（空间）宙（时间）中，只有与人类的实践活动有关的时间与空间，才适于使用"价值"这个概念。它包括：人类观测所及，从而能够感知其信息，但未经人类的实践活动所改造，仍然保持其原始直接性的那部分自然，我们称之为"人化自然"；已经被人类的实践活动改造过的，打上了人类实践"烙印"或已经凝结着人类的能动性、创造性和目的性的那部分自然，例如生态环境，人类利用自然物作为材料所创造的各种劳动工具、劳动资料和劳动产品等等，这就是人们常说的"人工自然"。正如马克思所说："'价值'这个普遍的概念是从人们对待满足他们需要的外界物的关系中产生的。"所以，价值的实现既离不开客体的属性，也离不开主体的需要。从哲学的高度来看问题，即从马克思主义的实践唯物主义世界观看，价值是由社会历史所界定并在社会历史中形成的，它既不是纯粹主观的，也不是纯粹客观的，而是主观与客观的统一，是主客体相互作用所形成的主体性事实，明显具有人类社会生活实践的特征。

（二）价值创造过程

从价值创造的过程看，主要来自三方面。一是社会物质生产过程，是人类劳动使自然物的物质形态发生变化，提高它的结构有序性、功能有序性，使它能满足人和社会的各种需要。二是自然物质生产过程，它作为创造价值的物质生产过程，由于负熵（主要是太阳辐射）的输入，植物、动物、微生物的生产过程，把无机物质（水和二氧化碳等）转化为生物产品，提高了自然事物的有序性，从而为人类对它们的利用创造了价值。三是知识的创造和应用，正在为社会创造越来越多的价值。

四、价值观

价值观是人们对客观世界及行为结果的评价和看法，即认定与理解事物、判定是非、指导行动的一种思维观念或价值取向。社会成员用来评价行为、事物的准则或对周围客观事物意义、重要性的评价和看法。价值观通过人们的行为取向及对事物的评价、态度反映出来。价值观从根本上决定着人们的价值判断、行为准则和生活方式。价值判断是行为的基础，因此价值观对人的行为具有导向作用，是人社会生活和行为的指南针，是生存与发展中最重要的精神追求、精神支柱和内在动力。

（一）价值观的特点

（1）相对稳定性。价值观是价值意识的一个层次，价值意识包括价值心理和价值观念，它是随着人们认知能力的发展，在环境、教育的影响下，逐步培养而成的。人们的价值观念一旦形成，便是相对稳定的。

（2）方向性。对价值的不同的理解，则会产生不同的价值方向，价值追求是有方向的，即价值观具有方向性，决定人前进的方向，在不同的价值方向上会创造出不同的文化，建立起不同的社会制度。今天是一个价值观多元化的时代，人们的价值观会产生矛盾和冲突，由此给人类带来诸多要解决的问题，也使得世界丰富多彩。

（3）群体共性与个体差异性。价值意识决定于价值存在，价值观是人们对社会存在的反映。人们所处的自然环境和社会环境，包括人的社会地位和物质生活条件，决定着人们的价值观念。处于相同或相似的自然环境和社会环境的人，会产生基本相同的价值观念，每一社会都有一些人们共同认可的普遍的价值标准，从而形成基本一致的社会行为模式。同理，由于每个人的先天条件、后天环境、人生经历不同，所形成的价值观也不同，因此每个人都有自己的价值观和价值观体系。

（4）可变性与时代性。人是社会的人，自然环境、社会环境和生存条件是发展变化的，无论个人还是社会群体的价值观都是可以或可能变化的，不同的时代价值观也具差异性。传统价值观会不断地受到新价值观的挑战，这种价值观冲突的结果，总的趋势是前者逐步让位于后者。价值观念的变化是社会改革的前提，又是社会改革的必然结果。

（二）价值观的作用

（1）价值观是价值评价、价值选择的标准。价值不是客观的事实，而是事物对人的意义。是以客观事实为基础的人的主观评价，对于价值的标准，要由人的文化属性、社会属性来衡量。文化属性和社会属性中最重要的就是价值观，价值观的形成是由文化和社会塑造的，我们所理解的价值和意义就是由价值观解释的，不同的价值观就有不同的价值标准，从不同的价值观出发可以看到一个历史事件的不同意义，从不同的生态价值观出发可以看到生态系统不同的生态价值以及人的行为对生态环境的价值。

（2）价值观是人发展的内在动力。人的行为是受一定观念支配的，有什么样的观念就有什么样的行为，虽然观念的形成是由一定社会的物质社会条件决定的，但是观念一旦形成就会影响决定人的行为，对人的行为起导向的作用。人生在世总是有生存的目的和追求，或是远大，或是平庸，价值观不同，决定人奋斗的目标和程度不同，价值观对人的行为起激励作用，是人发展的内在动力。

（3）价值观是制度建设的前提。人首先是自然的人，但更是社会的人，人类社会产生以后，人类就在建立各种各样的规范来调整人与人之间的关系，道德、法律、宗教等，以期社会有序的运转和和谐发展。人无时无刻不生活在自己建立的各种制度中，无时无刻不受各种规范的约束，也只有这样，人类社会才能延续和发展。但是，制度是观念的物化，各种制度的建立是以人的价值观为前提的，世界上同一时期不同的国家和地区，同一国家和地区的不同历史时期，其各种制度的不同，是由制定者的价值观的不同决定的，价值观必定体现在社会的经济、政治、法律等等制度中，通过制度对人类的活动进行规范，通过制度的调节把价值观作用于活动主体与活动过程。不仅如此，随着社会的发展和进步，各种制度要改革、要完善，那么首先需要价值观的更新，由观念的变革来带动制度的革新，可以说，价值观的变革和发展是制度变革的先声，没有观念的变革，就没有新制度的真正建立。因此价值观是制度确立和变革的前提。

五、生态价值观的内涵与特性

（一）生态价值与生态价值观

生态价值是指我们在利用与改造自然的实践中，由各种自然要素及其环境所构成的生态系统所提供的有用性和效用。从此可见，生态价值是人类价值意识的具体化，也就是人类对其所感知的由物质和环境构成的生态系统的有用性及可利用的程度。

生态价值观是人们长期认识自然，利用和改造自然过程中，逐渐产生的有关生态环境意义、好坏、美丑、利害等观点和看法，以及人类看待人与自然关系及利用生态环境的基本价值取向。生态价值观决定着人与自然或生态的基本关系，其形成需要经过一个长期的过程，生态价值观一旦形成，对人类经济社会行为的影响是久远的。

（二）生态价值是由生态系统内在性质决定的

这是因为，第一，从辩证唯物主义的观点出发，物质决定意识。作为意识领域的价值认识，必然离不开物质。众所周知，任何生态系统都是由一系列物质要素及其相互作用关系即环境构成的，这些物质与环境直接影响到我们的意识，从而也就决定了我们对生态的价值理解。第二，生态系统有其内在的规律，这些规律决定了生态价值的基本属性和尺度。一个完整、健康的自然生态系统通过生产者、消费者（捕食者）、分解者的有机组合，形成了物种和自然物质的更新、演替、再生的良性循环。这种按自然力进行的物质循环或自然再生产保持了生态系统的相对稳定，也为生命有机体的生存、繁衍提供了充足的物质和能量，正是其这种内在价值，为包括人类在内的所有物种的生存提供了基础。生态系统在维持生命有机体与其赖以生存的环境稳定，完成其自身更新、演替的同时，对人类的生存和发展也具有特殊的生态功能或生态屏障作用，如森林生态系统的水源涵养、水土保持功能，湿地生态系统的水质净化功能等，这是生态价值的工具价值的具体表现。第三，生态系统自我更新、演替、再生是客观存在的，其生态功能是不可替代的。生态资源的自我更新的特殊性，生态功能的固有特征和属性是不以人的意志为转移的，即生态系统具有存在与发展的自身内在价值。

（三）生态价值主要由生态系统中生物和非生物的资源性决定的

从主客二元论的角度看，以人类为主体感知的生态价值，主要由生态系统中生物和非生物的资源性决定的。而且，随着人类认识的不断发展和科学技术的不断进步，人类对其资源性的认识也在不断深化之中，因而对生态价值的理解也是一个不断完善的过程。

生物包括植物、动物等，其对人类生存的意义是不言而喻的。动物和植物等作为要素存在于生态系统中，形成了生态系统的多样性和变化，因而也就造就了其不同的价值效应和特质。生物要素的演化决定着生态系统的演化，也就决定了特定生态系统的生态价值的演化。作为资源，生物的价值大小，一定程度上决定生态价值的大小。

非生物资源主要是指矿产、大气、水、土等资源，它们既是生态系统的基本要素，也是生态系统形成与演化的重要支撑，一定程度上决定着生态系统的功能特征和状态，因而也就决定了生态价值的基本内涵。尤其是某些特定的生态系统，上述要素对生态价值起决定性作用。

从社会发展历史看，由于社会生产力的迅速增长，自然再生产已无法满足人类的需要，人类需要投入必要的劳动对自然生态系统进行保护，对自然物质进行社会再生产，让它们参与商品的流通和交换。这种社会再生产与凝结在商品中的一般的无差别的人类劳动或抽象的人类劳动一样，使得自然物质具有了经济价值，因而生态系统就有了非常强经济价值。过分强化生态系统的经济价值而忽视了它的其他特性，是导致现代生态危机的根源之一。

（四）建立人与自然和谐的基本关系是生态价值观的基本出发点

生态系统作为包括人在内的生命有机体生存和发展的基础，只有其良性发展才能保障包括人类在内的所有事物的生存与发展。以人为主体的经济社会与以自然为客体的自然生态系统必然长期相处，这就要求我们必须建立人与自然的和谐关系，形成包含可持续发展理念在内的生态价值意识。

在人类发展的历史长河中，人对自然的认识经历了从"敬畏"到"征服"，再从"征服"到"和谐"的曲折过程。这期间，人类关于人与自然关系的认识是不一致的。"人类中心论"对立地看待人与自然的关系，强调人在生态系统中的主导、支配作用，把自然生态系统作为为人类提供物质的源泉——多数情况下只强调这一点，认为离开了人一切自然物就无"价值"可言，从而导致了对资源的过度开采，对环境的肆意破坏。与"人类中心主义"相反，"自然中心论"毫无区别地将人与自然等同，否定人的主观能动性和创造性，强调自然的地位和权利，认为人类只能顺应自然，这势必阻碍经济发展和社会进步。目前我国倡导的科学发展观和生态文明注意区别人与自然的不同，既充分考虑到人的利益和创造性，又考虑到自然生态系统的作用，强调坚持以人为本，遵循自然规律、经济规律和社会发展规律，人与自然和谐发展。因此，可以概括，科学发展观和生态文明是对"人类中心论"和"自然中心论"的批判和扬弃，是人与自然关系认识的创新。

第二节　生态价值观的演变

一、原始文明时期的生态价值观

（一）敬畏自然的意识

根据人类考古学的研究，大约 3000 万年前，地球上出现了最早的猿类，大约 200 万—150 万年前，"直立人"出现了，是现代人类的直接祖先；大约 10 万年前，"直立人"进化为解剖学意义上的现代人；大约在 3 万年前，完全的现代人开始在世界上遍布开来。

在"直立人"出现到进化为完全的现代人的上百万年时间里，逐步形成了原始的文明意识。在这个阶段，人类从感性上认为"天人关系"是合一的，但是由于人类力量在自然界面前相对弱小，还不能完全摆脱自然环境的控制和威胁。这一时期，人类对自然的认识来自于自身的感性认识和长期自然进化的被动适应，人类对生态系统的依赖是直接的，生态系统的价值体现在为人类的繁衍提供能量、食物和居住环境等方面。由于人类只能直觉地感知自然界而不能理性地认识自然界，无法解释自然界的诸多现象，因此就形成了敬畏自然的意识，以及自然感性的生态价值观。人类在畏惧自然情绪的笼罩下曾闪烁出或是萌发过人与自然和谐的愿望。

（二）依附自然的生存方式

采集—狩猎文明是人类初期的生存方式。以直接利用自然物为特征的采集和渔猎活动，是原始文明时期人类主要的物质生产方式。人类的食物完全来自于生态系统中的自然植物和动物，其获取的方式、数量、种类、质量和时间，完全决定于其所在的生态系统的特性、发展规律、能力和时间，形成了依附自然的生存方式。如，人类获取果实的时间和数量、类型，完全决定于植物的周期性生长规律和特性。

在依附自然的生存方式下，人类对生态价值的认识是比较低级的和初步的，集中在提供食物的价值方面，认为自然生态系统是维持人类生存的资源库和食物库。人类只对原始生态进行利用，而不存在对生态系统进行维护和管理等问题，体现的是顺应自然的本能意识和行为。

从生产工具发明看，人类开始利用并制造工具。但是，人类所使用的工具，多是以自然器物为基础，如石器的制造是以天然的石料为基础的。所以，从工具能力方面看，人类还没有摆脱自然的控制，但已经从本能向自觉转变，由自然性的动物转变为社会性的人类。

二、农业文明时期的生态价值观

（一）适应自然的认识观

大约一万年前，人类告别了原始社会，跨入农业文明阶段。当人类把第一颗种子种入地下，辛勤耕耘，期盼丰收时，人类对自然环境的依赖便由本能变为自觉，人类开始由顺应自然到积极干预自然。但是，这种积极干预自然的行为，基本上是以适应自然和强化自然过程为主要特征的，体现的仍然是人与自然保持和谐统一的基本模式。

与原始文明相比，人类在农业文明时期利用自然的方式发生了巨大变化，其在生产过程中对生态价值的认识也发生了巨大变化。农业文明形成的生态价值观主要体现在以下几方面。

（1）敬畏自然的基本规律。如孔子说："天何言哉，四时行焉，万物生焉，天何言哉！"这里所说的天，就是自然界，四时运行、万物生长，是天的基本规律。古代先人对自然界有一种发自内心的尊敬与热爱。但是，人类在这一时期对自然生态规律的认识有了质的飞跃，在植物的生长规律、气候的变化规律等方面认识的深化使得人类能够利用这些规律为自己的生存、生产和生活服务，如栽培植物，饲养动物等。

（2）认为自然界是人类生命和一切生命之源。人类此时期还不能摆脱自然界的控制，其维持生命和生存的主要物质，仍然以自然系统中的自然生长的植物果实为主，只是人类强化自然过程的能力大大加强。所以，由于人类对自然的绝对依赖性，认为自然界是人类生命和一切生命源泉的认识是来自于长期的客观实践。

（3）"人"的行为必须符合自然规律。如荀子强调对自然界的开发利用要"适时"而"有节"，不能违背自然界的生命规律，乱砍滥伐、乱捕杀。在我国古代，非常强调"以时禁发"，对自然界的开发利用时强调以爱护和尊重自然界为基本前提。

（4）开始形成"人"为主体的人—地关系意识。我国古代哲学认为"天"是无心的，只有人才有心，但人心却来源于天心，即人心即是天心。反映了人高于自然的思想，开始形成以人为主的基本认识。但同时也认为，人虽然有心，但以天地之心为其心，也体现了人与自然一体和谐的思想。

但是，从总体上看，人类这一时期对自然的认识仍是以畏惧自然为主导的。

（二）利用自然的生产方式

以利用和强化自然过程为特征的农耕和畜牧活动，是农业文明主要的物质生产方式。由于铁器的发明，改变了人类利用天然器物为主制造工具的历史，提高了人类自身的能力。根据历史学的研究，冶铁技术大约出现在公元前1500—前1000年的小亚细亚地区，到公元前10世纪已经非常普遍，使人类从深度和广度两方面改造自然成为可能，成为能影响自然的最大因素，导致了人类生态价值观的转变。铁器的发明与使用，带来了耕地面积和灌溉面积的扩大，以及农耕技术的提高，促进了人类对自然的利用和对自然过程的干预。

这一时期，从总体上看，相对于自然的力量，人类的能力是有限的，还不能对生态环境造成大范围的破坏。主要原因是：第一，人类所掌握的各种能力非常有限，虽然铁器的使用比青铜器的使用普遍，但对人类干预自然能力的提升是有限的。第二，人类人口的数量还没有超过地球的承载极限。据历史学家估计，公元前500年时地球人口1亿，公元1300年达到3亿，1700年达到4亿。从生态学角度看，远没有达到生态承载的上线。第三，没有形成明确的征服和统治自然的观念，虽然铁器等工具的发明增强了人类改造自然的能力，但干预自然的整体实力是有限的。第四，以利用可再生的资源为主。对铜、铁、煤等矿产资源的开发利用是非常有限的，仍然以利用森林、草原、动物等资源以及利用土地资源发展种植业为主。这些资源，一定程度上是可再生的和可持续利用的。

农业文明给人类社会带来的两个最重大的变化就是定居和人口增长，开始形成固定的人类群体与特定的局部区域的生态系统的紧密而长期的关系，形成了以人类活动为主导的自然—人复合生态系统。由于定居，人类的生态价值观形成了空间差异性，对生态系统价值的理解也产生了较大差异。

但是，为了获得更多的土地和燃料，人们开始大面积砍伐他们周围的森林。人类初期定居于某一区域，通过某一固定的利用自然的方式从自然界中获取食物，导致了局部地区生态环境的变化，长期的累积作用，改变了局部地区的生态环境。如巴比伦文明的发源地——美索不达米亚平原，曾经是茂盛的森林和草原，然而，在公元前2000年前后，汉谟拉比王朝开始大肆砍伐两河流域上游的森林，失去了森林的保护，上游开始大规模水土流失，导致了原始生态环境的恶化。

三、工业文明时期的生态价值观

工业时代和近代科学技术的迅猛发展，大大增强了人类干预生态环境的能力，人类不再像我们祖先那样匍匐在大自然目前颤栗着，人类第一次感觉到自己是世界的唯一主宰，可以"征服自然"，为所欲为。

开始于 18 世纪的工业革命，揭开了世界发展的新景象。工业化国家踏上了经济快速增长的轨道，创造了人类前所未有的经济辉煌，但与此相伴而来的是前所未有的环境污染和生态危机。人们起初总是以为这是人类的技术缺陷、经济弊端和法律空白所酿就的苦果。于是，改进技术的功能、强化经济效益、完善法律制度一直被当作治理环境污染、保护环境的重要、唯一的手段。然而，资源匮乏、粮食短缺、污染加剧、生态恶化的局面越来越严峻。因此，人们逐渐意识到，生态危机不仅仅是自然失衡的现象，它的背后是社会危机、文化危机和价值观危机。①

（一）改造自然的认识观

工业文明的兴起，开始了大规模人作用于自然的时代，征服自然的逐步胜利和对自然认识的深化，在加快人类对自然索取的同时，使人类产生了主宰自然、奴役自然、支配自然的行为哲学，人类逐渐将自己视为自然的主人，形成了以改造自然为主的认识观。

（1）主客二元论的人与自然关系的自然观。随着这种意识的形成和不断强化，产生了人类中心主义的价值观，体现的是征服自然、改造自然、控制自然的强烈观念。一切从人类的利益出发、维护人类的价值和权利成为人类活动的根本出发点或最终的价值依据。人类只强调人是自然的主人和主宰，

---

① 曾建平：《环境正义：发展中国家环境伦理问题探究》，山东人民出版社 2007 年版。

在实践活动中总是自觉不自觉地将自身的需要放在第一位，并以此来决定对自然的态度和自身的行为方式。这便成了工业革命以来人类粗暴地干涉自然、随意破坏生态环境的理论依据，形成了人类沙文主义。

（2）机械的自然认识观。工业革命以来逐渐形成与发展的现代科学技术，对自然的认识方面逐渐形成了机械论的认识论，认为自然界即自然生态系统是一架机器，可以由人按照自己的需求和设想自由拆解和组合，强调自然要素的个体性、局部性、功能性、工具性和结构性，忽视了生态系统的整体性、内在性、关联性和系统性。

（3）资源利用的唯经济价值和利己主义。认为自然界只具有工具价值而不具备内在价值，自然界只是人类为了满足自身需求的资源库。在行为上，人类只强调如何利用资源，而不注重善待资源，在某些资源的利用方式、利用规律等方面脱离了可持续的原则。资源利用的经济主义和功利主义占据了人类行为的主导地位。另一方面，人类对资源的利用，形成了利己主义的固定观念，生态系统中的一切要素都是人类利用的资源，在利用这些资源时可以忽略对其他物种的关注。这种价值观念导致了大量物种栖息地的破坏和种群的灭绝。

（4）区域性利己主义。此时期人类建立的生态价值观，进一步强化了区域性这一特点。由于工业文明导致了工业化和城镇化的迅速发展，人类的定居性不断强化，以国家、城市为活动空间的模式被进一步固定下来，由此形成了固定的区域意识观念。这些观念体现在生态系统的认识方面，往往带有明显的区域性，以感知其所在其中的自然系统为出发点。社会经济行为强调群体主义，强调空间占有和控制。

（二）改变自然的生产方式

改变自然的生产方式是工业革命以来的主要物质生产活动。主要体现在：第一，与农业文明时期相比，由于生产工具的巨大进步，进一步强化了人对自然的利用过程，农业生产从小农经济向工厂化、规模化发展，农业的生产环境和方式发生了巨大变化；大面积土地开辟为耕地，森林、草原、湿地等生态系统被改变。第二，创造经济与文化价值和财富是工业文明时期人类进行经济活动的主要目的，一切物质生产只不过是实现上述目的的过程。因此，自然界提供的资源是经济发展的基础，改变资源的性质、提升其品质是生产的主要目的。至于资源在生态系统中的其他作用和价值，往往被忽略或抛弃。第三，大规模利用资源生产。人类进入了大规模利用森林、土地、矿产资源的时代。第四，大规模的工业化、城市化彻底改变了局部区域的自然生态系统，将自然生态系统彻底改变为人工的人—自然复合系统，人的行为成为这一系统的主导控制因素。第五，一系列交通、水利、能源等基础设施的建设，在支撑经济发展的同时，改变了流域、大气等生态环境系统的规律。第六，人类创造的工具，均以改造和征服自然为目的。总之，工业文明时期，形成了与自然对立的经济增长观、认识观和行为范式。追求增长为唯一目标，即"增长第一战略"。例如，联合国第一个发展十年（1960—1970）提出的基本目标就是发展中国家国民生产总值每年增长5%。导致了以生态环境为代价换取增长模式的形成。在1950年全球经济总体的产品和服务为6万亿美元，到2015年已经增加到74.5万亿多美元。不过这样的产出给环境造成的破坏之大是人们在60年之前不大容易想象出来的。

工业文明存在着人脑负重、人手闲置（失业）、经济高效率（单位时间产出）和资源利用低效率（单位资源产出）的片面性，破坏了人类的生存基础（资源枯竭）和生态系统的生态失衡。[1]

（三）追求享乐的消费行为

工业文明时期形成的社会价值观是："消费更多的物资是好事"的美学

---

[1]　舒惠国：《生态环境与生态经济》，科学出版社2001年版。

意识和"最大限度地满足人的物质欲望"的总和。① 享乐主义是工业文明创造的特色文化，形成了消费主义文化价值观。虽然农业文明时期人类也存在享乐主义，但与工业文明时期相比，无论是内容、方式和数量都是有限的，而且这些享乐还受自然条件的限制。然而，进入工业文明以来，人类的享乐主义意识大大增强了，并且脱离了自然条件的制约。人类越来越在与自然背离的轨道上追求享乐。由此导致了过度消费、极端消费以及盲目消费，忽视了自然的约束性规律，以至于认为人们的消费与自然无关，只与人类社会构建的经济系统有关，导致了一系列的生态危机。从哲学角度看，人类追求享乐的本能意识的释放，对自然界而言，是"恶"的彰显。

（四）环境控制与治理的技术主义

现代科技是工业文明的助推器。技术进步能够提高资源的利用率，延缓资源的枯竭速度。但是，20 世纪后半叶以来，科技进步给环境保护带来的潜在好处已经被人口暴增和不合理的经济增长方式给环境带来的压力完全抵消了。

工业革命以来，在对待环境保护等问题上，人类迷信自己掌握的技术。认为工业化带来的一系列环境问题均可以通过技术手段得到解决，遇到环境问题时往往在技术上找原因，寻求突破，而不在行为方式上寻找原因，探索解决的途径。体现的是"治标不治本的"行为理念。

（五）生态保护的被动行为

此时期人类对生态系统的管理与保护，主要是被动的而不是主动的，缺乏主观能动意识。由于人类在价值观层面主要将生态系统看成是可以利用的资源库，而不是人类居住其中的一个有机联系的系统。因此，人类对生态系统的管理主要体现在高效利用等方面，即体现在开发方面，而保护方面往往

---

① ［日］堺屋太一：《知识价值革命》，金泰相译，沈阳出版社 1999 年版。

是被动的。只有在生态系统危机到人类的生存时，才不得不对其进行保护。

从上述的简要分析中可以看出，工业文明时期的生态危机源于价值观。要减缓生态危机的压力，人类必须转变其生态价值观，建立可持续发展的生态价值观。

第三节 传统生态价值观的变革要求

一、传统生态价值观导致的矛盾性

（一）自然规律与人类价值的背离

从生物学的角度看，"物竞天择"是生物群落或生态系统内部要素演化的自然法则，某一生物的竞争力增强符合个体最优的发展原则，但这种规律受到大的自然规律的控制。所以某一物种的增长规模受到自然容量的约束，从群体到群落有增长的上线。

人类既将自己作为自然界中的生物，又把自己作为社会发展的产物，在发展中存在一定的矛盾性，即前者须遵循自然规律，而后者遵循社会发展规律——人类自身"存在"与"实现"的内在独特价值。从发展的历史过程和态势看，人类强调实现自我的内在价值越来越强烈，并越来越背离自然的发展规律。"克隆"自我与"基因"控制就是体现。由此导致了人类发展与生态关系的变革和冲突。

如果将人类视为整体，自然界是人类的家园，自然界中各种物种是与人类竞择的物种，由于人类的能力过于强大而导致其他物种无法与人类抗衡，自然界的自然约束规律也被人类的科学发展和技术发明所掌握，自然障碍被突破。所以，才有"人是万物的尺度，是存在事物存在的尺度，也是不存在事物不存在的尺度"的意识。工业革命以来，自然界约束人类行为的能力已经变得越来越弱。虽然人类自身的自律行为的约束能力在增强，但这种增强又是建立在利己基础之上的。所以，人类为了自身的利益，违背自然规律往往是普遍的现象。

（二）生产规律与生态规律的背离

工业革命以来，人类社会建立的经济系统越来越完善，无论从生产流程构建、从价值体系评价，还是从理论模式凝练，都表现出独特的"社会经济"特色，而与"自然经济"的本质渐行渐远，农业文明时期的生产规律依附于生态规律的状态被打破，形成了独立的"经济系统"和"经济规律"。一系列的"经济规律"已经远远脱离了自然的约束，或脱离了自然的直接约束，如资本规律、价值规律、结构规律、效益规模、需求规律，等等，在其中很难发现生态规律的影子。此外，由于技术的进步，人类已经具备了绝对的能力与生态规律抗争，并在一次次抗争中获得胜利，更进一步加剧了生产与生态约束的背离倾向。

总结起来，生产规律与生态规律背离的倾向体现在下列几方面：一是经济系统的物质生产受生态规律的约束越来越小，表现在规模、流程、空间和时间等方面，均是如此。二是物质产品的属性越来越脱离自然界天然物质的控制，创造出自然界无法创造也无法吸纳的产品，这些产品已经找不到生态系统直接约束的影子。三是即使是对自然依赖比较强的农业经济，反生态约束的倾向也越来越明显，如反季节农业的发展就是明显的例证。四是经济系统的局域性与生态系统开放性的背离，如局部地区经济发展对相关地区生态环境的忽视等。五是经济系统的开放性与生态系统的局域性的背离，如全球污染产业的转移仅关注了劳动力、成本等因素，却刻意规避迁入地区生态系统的适应性。

（三）个体（局部）性与整体（全局）性的背离

生态系统中各个要素及其所产生的各类关系是一个密不可分的整体，每一个要素和行为的变化，都不可避免地对整个生态系统的稳定和演化产生影响。而人类在传统的生态价值观的指导下，恰恰没有对这一整体观给予充分的重视。第一，从人与自然关系层面看，人这一物种是自然界中各种生态系统构成的主要部分，也是影响生态系统的最大要素。但是，人类将自己作为一个独立的体系，与自然的分离倾向越来越明显，由此导致了关注人类自身系统发展至上而忽略人类发展与自然关联和协调的客观规律，即强调了人类社会发展的局部性，而没有充分重视人与自然复合系统的整体性。第二，以经济活动为标志的人类活动，以个体的活动为基本准则，忽略了各个活动间的关联性以及与生态系统的联系性，"内部性"与"外部性"的固化认识和观念割裂了经济活动与生态约束间的联系。第三，资源利用的唯经济价值化忽略了要素的其他功能，导致了生态系统中生物链的断裂和生态系统功能的弱化。创生万物的生态系统是宇宙中最有价值的现象，但人类恰恰忽略了这一点。第四，生态系统空间认识的局部化。人类对生态系统的认识往往是从居住地、辖区等认识与感知的，并据此采取行动。这种认识具有明显的局限性，割裂了生态系统的整体性。

（四）生活需求与生存需求的背离

从消费行为的演变历史看，由于人类忽略了其赖以生存的生态系统的有限性和适应性，使得我们的消费欲望无限膨胀，忽视了生态系统的要求，远远脱离了作为"自然人"的基本消费需求的范畴。

达尔文的进化论认为，一个物种的目的就是求生和繁衍，由此延伸的含义是物种对自然界的索取以延续生命和种群为目的。因此，就其维持生命延续所需要的自然物质是有限的，因而对自然的依赖程度虽高但单位个体的索取相对较少。然而，自人类社会独立于自然界以来，其除了继承了延续生命和物种的需要外，还产生了有别于其他物种的社会和文化需求，并且在生活"质量"方面提出了无穷尽的欲望需求。这导致了其消费行为远远超出了基本生命需要的范畴。西方国家在"人类征服自然"意识下创造的高增长、高消费的模式对资源耗竭、环境污染具有显著的影响，其秉承的生产方式也有负面影响。高消费的意识在我们国家也正在成为现实。例如，科学研究发现，从生物学角度看，个体的人为维持生命每天大约需要 1600 千卡的能量（"生存卡路里"），虽然不能以此来衡量人与自然的关系，但远远脱离这一标准的消费行为毋庸置疑是导致人与自然关系紧张的原因之一。工业文明以来，人类个体消耗的能源远远大于上述标准。

二、传统生态价值观变革的时代要求

（一）必须从认识论上重新审视人与自然的关系

工业革命急速地加剧人类对自然环境的破坏，但人类却对这一切熟视无睹，答案在于我们的认识受我们的世界观或价值观驱使，即在二元论的氛围中，人类将自然当作人类活动的舞台，人类并不在意舞台上的变化，而在于自身的自我表现，尤其是"征服自然"的表现，即自我价值的实现。而且在机械论的氛围中，自然似乎是非历史的，即自然不是独立存在的，离开人类的认知，它便不存在。因此，在上述认识论基础上，将目前存在的生态危机主要当作人的危机，认为只需更加关注人与人之间的公正便可以解决。事实证明，这种以人为中心的认识观将人与自然割裂开来，强调人的利益，而忽视了自然的内在价值。

因此，要彻底解决人类面临的生态危机，必须从认识论上重新审视人与自然生态的关系。深层生态学在这方面做了有益的探索。它强调生态系统作为一个整体，人是其中的一部分，系统内部具有相互依赖和统一的特性，价值存在于这个完整的体系之中，而不是存在于每一个单个的造物中。个体是作为这个整体的一员存在的，只有投身于整体的复杂的关系网中才是有价值的。所以，在认识论上，我们必须坚持"事物不能从与其他事物的关系中分离出去"的观点，坚持"人—社会—自然"有机整体的观点，将人类作为自然生态的一部分从整体性方面认识人与自然的关系，规范自身的行为。人类的行为只有有助于整个自然生态系统时，才是其自身价值的真正体现。

（二）须从行为理念上变革利用自然的行为

在笛卡尔主客二分的哲学中，只有人是主体，自然界作为客体只是人的对象，只有人有价值，自然界没有（内在）价值。在这一认识论的指导下，居于统治地位的人类所起的作用一直是为了目光短浅的既得利益，而进行不经意的屠杀和对动物栖息地的破坏。人类在实践活动中表现为占有性功利主义、利己主义，并发展出经济主义、消费主义和个人主义。在经济发展中，经济增长是唯一目标，并常常以损害环境和资源为代价发展经济，从而导致了环境污染和资源匮乏等全球性问题。

为了维持我们赖以生存的自然系统的稳定，我们必须以系统、俭约和协调的观点在理念上变革我们对自然尤其是自然资源的利用行为，在可持续发展观念的指导下，既充分有效地利用自然资源，同时又善待资源。第一，对于自然资源的利用，应充分认识其在整个系统中的作用，不能仅仅将其作为生产要素来处理。第二，在利用自然时，必须采取俭约的态度和观点，以便将对自然的破坏降低到最低程度。为了维持我们自身的发展，利用自然界的各种条件是不可避免的，但应将利用的规模降低到最小，无论是个体的利用还是整体的利用规模。第三，在利用自然的过程中，必须以维护人与自然的协调发展为前提，彻底改变人类主宰自然的观念。

（三）须从行为方式上变革人对自然的利用方式

坚持经济上的循环论和资源利用的俭约性应是我们对自然利用的基本原

则。经济活动是受人类需求驱使的复杂组织系统，它包括生产、流通、分配和消费。生产过程是利用知识和技术，通过劳动开采和加工自然资源，为人们生产商品和提供服务的过程。它受那些不以人的意志为转移的自然规律的约束，如物质不灭和能量守恒。任何生产过程都存在两种产品，一是对人类有用的商品和服务，可称为"正品"；一种是对人类没有价值或有负价值（有害）的物质和能量即废物，可称为"负品"。高效合理的生产能把物质和能量转化为对人类更有价值的东西，同时产生较少的废物，减少对自然界的危害。相反，低效不合理的生产则会产生大量有害废物，造成对资源的破坏和浪费，也污染了环境。

因此，在未来的发展中，首先应发展循环经济的模式，其次是高效利用自然的技术，再次是实施降低污染的有效措施，实施清洁生产。

（四）须从社会范式上变革人类自身的行为

人类是自然界不可分割的一部分，但人际关系和人类的创造力所特有的享乐的特性具有独一无二的内在价值。但是，能体现我们人类自身独一无二的内在价值，不能建立在危害自然系统的稳定性之上，因为我们也是这一系统的一部分。如果过度强调我们的内在价值而导致生态系统的崩溃，毋庸置疑会产生"皮之不存，毛将焉附"的后果。因此，我们必须在消费上变革我们的行为。

消费是人们把生产的产品（或自然资源）通过消费过程和技能来维持生命并获得满足。消费也要受自然规律的约束。消费了的商品并不消失，而只是转化成了其他形式的物质和能量，其中除满足人类需要外，还有对人类没有价值的废物。因此，生产和消费只是物质的转换过程，而非物质的创造和消灭过程。由于物质不灭和能量守恒规律的作用，任何形式的生产和消费都是有限度的，任何经济活动也都必然要产生废物，只是程度不同而已。所以，引导俭约消费应成为社会的基本范式。

第三章　生态价值观与生态危机

工业革命以来产生的生态危机，其根源在于人类对生态环境认识的局限性和价值观的偏离。要彻底改变人类行为危及生态环境的状况，首先应在价值观方面进行反思，树立正确的价值观念。

第一节　传统生态价值观的缺陷

一、生态系统的资源属性

（一）生态系统的资源库意识

人类社会的可持续发展主要取决于经济系统、社会文化系统和生态系统的相互作用和相互依赖关系。生态系统是支撑人类社会发展的基础，这一基础主要体现在其为人类社会发展提供的资源方面。没有生态系统提供的各种资源，人类是无法生存的。

生态系统提供的资源主要是自然资源，从科学分类看，主要有土地资源、气候资源、水资源、生物资源、矿产资源、海洋资源、能源资源等。上述资源是构成生态系统的主要要素，也是人类发展所必需的资源。随着人类文明的进步，人类对上述资源利用的规律和效率均在发生变化。从可持续发展的角度出发，自然资源可划分为耗竭性资源和非耗竭性资源（图3-1）。其中，非耗竭性资源，亦称为"可更新自然资源"，非耗竭性资源包括恒定性资源与可以反复利用的资源。耗竭性资源又包括可更新性（再生）资源和不可更新性（不可再生）资源；前者主要包括土地资源、地区性水资源和生物资源等，其特点是可借助于自然循环和生物自身的生长繁殖而不断更新，保持一定的储量。如果对这些资源进行科学管理和合理利用，就能够做到取之不尽、用之不竭。但如果使用不当，破坏了其更新循环过程，则会造成资源枯竭。不可更新资源包括金属矿产、化石能源等。合理地从自然界中获取人类社会发展所需要的资源，是人类社会发展和进步的基础。

但是，自工业革命以来，人类社会逐渐在摆脱自然界的控制，并且随着主客二元论的形成，导致了对生态系统认识的变化，强化了将生态系统作为资源库的意识，主要体现在以下几方面。第一，形成了以人为中心判别生态系统资源有用性的观念，将人类置于统治自然、改造自然和利用自然的主宰地位，即人类是自然资源的绝对拥有者和支配者，"人类中心主义"成为处理人与自然关系的基本准则。第二，利用资源是人类的天赋权利。利用规模、方式等取决于人类的自身偏好，而不是生态系统的内在规律。也就是说，人类利用自然界生态系统提供的各种资源时，是从绝对的利己主义出发的。第三，认为资源是无限的。生态系统中的资源可以满足人类的无限需求，即使资源是稀缺的，也可以通过技术进步、科学的发现得到解决。第四，生态系统的资源属性以主体资源的价值为核心，且体现在经济价值层面，系统的价值和经济价值以外的价值是次要的。第五，人类对资源的利用规则和方式可以通过人类社会规定的"价值杠杆"进行调控。

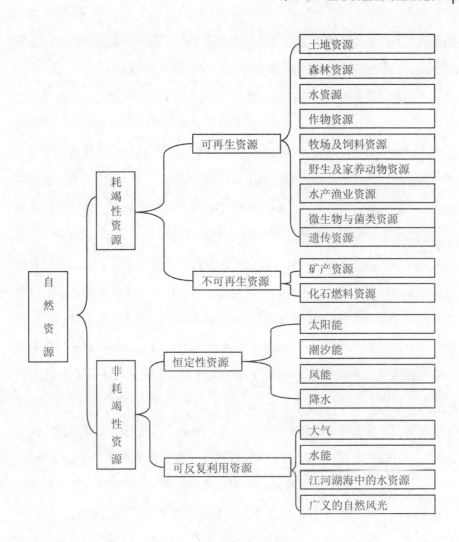

图 3-1 自然资源分类

注：根据有关资料整理

（二）人的认识是生态系统资源价值存在的尺度

在传统的生态价值观中，生态资源的价值取决于人类的认识，即人是生态资源价值存在的尺度。古代希腊哲人普拉泰戈拉认为，"人是万物的尺度，是存在事物存在的尺度，也是不存在事物不存在的尺度"，这是人类价值观的体现，当然也是传统生态价值观的代表性观点。在这种生态价值观的作用下，人类对生态资源价值的认识体现的是人类至上的基本观点。

人类感知到的资源才有价值，感知不到的部分则没有价值。在传统的生态价值观中，即在主客二元论中，所谓生态资源的价值，其定义和价值内涵是以人的感知为出发点的。我们人类感知到自然界中的物质的存在及其有用性，其才能作为有价值的资源被利用或评价，否则，即使自然界中客观存在的物质，没有被人类感知或认识，其也没有价值。这种观念，自然而然形成了人类至上的价值观，忽视了生态系统的其他价值。

人类根据利己原则评定资源的重要性及其可利用的程度。虽然自然界中存在一系列的利他行为，包括人类自身的行为。但是，总体上看，人类对生态系统中资源的评价，是以利己原则为出发点的。对自然资源的评价、开发和利用，均是按照当时人类的价值标准来评判的。当人类利用自然的价值观与自然界自身的客观规律相冲突时，往往是人类忽略或漠不关心自然的规律，我行我素。

现实主义的价值标准和实用主义的价值标准。人类对生态资源价值大小的判断以有用性为基本出发点。而且，在传统生态价值观中，"现实主义"和"实用主义"是判断资源有用性的两个基本方面。对人的现实需求的满足性强，则资源的价值就大，反之则价值就小；或为人类创造的现实福利越大，则价值也越大。即使在维持自然系统非常重要的要素，如果对现实人类世界发展发挥的作用不大，则其价值也不大。这种实用主义的认识观念，导致了明显的倾向，即人类以关注现实的生态系统为主，而对未来的价值则可以放到次要位置，或置之不理。

强调生态资源的工具价值，不承认或忽视生态系统的其他价值。在传统的生态价值观中，资源的工具价值是人类关注的核心，而资源作为生态系统自身发展必不可少的要素构成的生态系统的内在价值则往往被忽略掉。例如，人们在开发森林等可再生资源时，往往只注重了森林的经济价值，而不重视其维护生态系统的功能价值。

（三）资源无限的观念

在传统生态价值观中，认为世界相对于人类的范围而言足够大，地球天然资源足够多，环境的净化能力足够强，可以维持比现在更多的人口和更大的经济规模，自然系统是自然资源的不竭之库。基于这种认识，人类形成了自然资源无限的生态价值观。因此，自工业革命以来，即工业文明时期，人类的活动导致了两种非常显著的倾向：

第一种倾向是将生态系统当作取之不尽、用之不竭的天然资源库，采取了几乎是无节制地从大自然中攫取各种资源的行为。据统计，整个 20 世纪，人类消耗了约 1420 亿吨石油、2650 亿吨煤、380 亿吨铁、7.6 亿吨铝、4.8 亿吨铜。占世界人口 15% 的工业发达国家，消耗了世界 56% 的石油，60% 以上的天然气和 50% 以上的重要矿产资源。① 对资源的过度利用，使得一系列生态系统的功能被改变。一是对森林、渔业、淡水等资源的乱砍滥伐、过度捕捞和粗放利用。二是对矿产资源的过度开采。矿产资源是地球经过长期的地质演变形成的物质能量库，但这一库存是有限的，而不是无限的。三是对土地资源利用的无节制性。四是把所有生态要素都当成资源来使用。

第二种倾向是人类对生态系统承载的忽略，不加节制地向自然界中排放各类废弃物，导致了一系列环境问题。一是忽略了生态空间能力的有限性，认为广义生态空间是一个无限容器，其容量是无限的。即使是认为生态空间承载的有限性，但在利用这些空间的过程中，并没有将其作为有限的"容器"来利用。二是忽视了生态系统的共享性。人类认为从其他物种处获取生存空间是理所应当的。三是忽视了不同物种对生态系统和生态空间的独特要

---

① 春雨：《跨入生态文明新时代》，载《光明日报》，2008 年 7 月 17 日。

求。认为其他物种与人类在生态系统的占用方面只存在竞争关系，人类通过任何手段获取所需要的生态空间都是合理的。四是忽视了人类活动对生态系统的消极影响。工业文明以来的一系列灾害和危机事实是人类不恰当地强调了生态系统的容纳和净化能力。

另外，基于资源无限性的认识还导致了人类对自身增长和消费的无节制倾向。一方面，从人口繁殖的行为与政策看，一直到 20 世纪 70 年代，人类世界，无论是从全球角度还是从国家角度看，均缺少控制人口过快增长的政策，导致了发展中国家人口规模的急速膨胀；另一方面，在自利原则和资源无限性认识的驱动下，助长了人类奢华消费和过度消费的倾向，加剧了资源供需的矛盾。

（四）追求主体资源的利用模式

人类对生态系统中资源的认识，是从单一要素的认识开始的，这与现代科学基础的建立和发展有直接关系，即人类在多数情况下，仅关注生态系统中对人类活动起关键作用的资源，并对其开发和利用感兴趣，至于这些资源的开发对其他资源的影响和对生态系统的影响，则是关注的次要方面。同时，即使是在关键资源的开发过程中，也以关注其主要功能为核心，只利用其最显著的价值，即遵循所谓的价值最大化原则，忽略其次要价值。人类对主体资源的确定，完全是从自身的利用和当时的需求情景出发，具有显著的实效性、空间性、目的性和技术约束性。

主体资源的利用模式导致了生态要素与生态系统的割裂。生态系统中的资源除对人类具有资源价值外，其对整个生态系统也具有价值。而且，每一种被我们认为具有资源价值的生态要素，彼此间是相互关联、相互作用的，由此构成了相互依存与作用的关系，并形成了动态的环境。所以，对一种资源的开发和利用，必将对整个生态系统产生影响。人类在利用资源的过程中，只从利己主义和功利主义出发，看到了要素的关键功能或可用性，而不评价其在系统中的其他功能。就好像我们只看到了参天大树的木材价值，而忽略了栖息之上的小鸟的需求以及其代表的生物多样性价值。

二、忽视生态约束的经济理念

（一）主流经济学忽视资源与生态系统的资本作用

在指导人类经济活动的经济学理论中，无论是古典经济学、新古典经济学，还是现代经济增长理论，资源都不是经济增长的主要要素。几乎在所有的经济增长理论中，经济增长被认为只是资本、技术、储蓄率、就业等要素的函数，资源能够相互替代或被"其他生产要素"所替代，即经济运行由基础设施、机器、工厂等加工资本，劳动智力等人力资本，以及现金、投资和货币等金融资本三大部分构成。这种独立于自然环境之外的经济发展意识或认识论，形成了经济行为中不能自觉考虑资源环境约束的生产方式，即相对独立的经济系统意识（主流意识），只有当经济系统对资源环境产生了严重的负面影响后才被动地改变经济系统。由于人类不能自觉将资源环境作为约束条件，因此其在极度兴奋地享受经济增长带来的成果的同时，环境问题、资源问题却变得越来越严重，这毫无疑问与经济学理论长期忽略自然资源的开发利用与保护等密切相关。

（二）经济学只承认资源的稀缺性

笛卡尔—牛顿哲学范式是工业文明的主流哲学范式，其基本特征是二元的存在论、还原主义的认识论和分析主义的方法论。在这一范式下，由于突飞猛进的技术进步，使人类形成了一种普遍的观点，即"人类的智慧和技术进步为人类提供了'无限的资源'，这种资源将解决世界是有限的这个问题"。即使生态危机日益突出的今天，人们仍然认为，通过技术手段，可以解决人类面临的一切生态和环境问题。这种根深蒂固的认识，一定程度上是导致生态危机的技术主义根源。毋庸置疑，技术的进步的的确确为人类解决生态环境问题、杜绝和预防自然威胁方面提供了强大的手段，但仅仅靠技术手段不可能完全解决我们人类目前和未来所面临的问题。例如，对不可耗竭资源如太阳能等的利用的有限性认识不足，认为技术的进步可以大幅度提高人类利用此类资源的潜力，而这一潜力与人类目前已经利用的规模相比，可以认为是无穷大的。事实上，人类不可能在短期内在利用太阳能等不可耗竭资源方面取得巨大的进展而达到改变人类行为的状况。此外，建立在二元论基础上的人与自然关系，体现的主要特征是自然为人类提供的仅仅是为"我"所用的资源。在现代经济体系下，认为地球资源属于那些有技术开发能力的人；相信资源不会耗尽，因为当它稀缺时，市场的高价格会保护它，通过技术进步会找到替代品，而且植物、动物以及自然对象作为资源对人类是有价值的。资源的稀缺可以用交易价格的杠杆来调解，即我们现在导致的一切环境问题，可以用交易的方式来规范或杜绝。这种根深蒂固的经济学理念，以短期行为解决长期矛盾的模式，是导致生态危机加重的经济学根源，也为发达国家的污染转移提供了冠冕堂皇的理论依据。

（三）追求经济增长

在传统的生态价值观的指导下，人类经济活动所形成的基本范式，是以追求物质利益不断扩大作为主要的行为范式，其具体体现就是过分追求经济增长。一是追求生产规模的无限扩大。由于技术的进步和人类能力的提高，人类在进行经济生产过程中，往往以追求生产规模的扩大作为目标，而且这种追求往往不考虑自然资源的直接约束，而将其抽象为间接的"价值"进行生产约束。虽然单个企业的生产规模在一定的技术条件下有规模生产的上线和边界效益，但是，从人类的整体看，人类追求经济增长上线的意识是不存在的，认为生产可以无限扩大。这一行为导致了自然资源利用规模无限扩大这一事实。二是追求财富的无限增长。由于人类在进化过程中越来越脱离自然的控制而形成了自己的社会系统和价值评价体系，因此，在物质利益的诱惑下，人类将财富的增长和积累作为经济活动的前提和目标之一。在传统的生态价值理念中，人们总是千方百计地将自然界中的任何可用资源转化为人类社会定义的财富加以占有和享用，并以拥有财富的多少作为个人和社会进步与成功的主要标志。所以，形成了追求财富无限增长的行为范式。三是追求抽象"价值"的增长。人类自脱离自然界以来，按照自己的需求建立了一系列抽象的或实在的规范和行为评价体系，这其中就包括评价经济活动的价值体系。这一抽象的价值评价体系，渐渐将物质的生产作为评价的基础而不是本身。所以，从理论上讲，价值的增长可以是无限的。

上述三个方面，导致了人与生态系统关系的突出矛盾和隐忧。第一，导致了自然资源的过度开采和利用，由此引起了一系列的生态危机。第二，导致了人类社会的过度消费的社会习惯。工业文明以来，人类的消费行为越来越脱离人作为"自然人"所需要的基本消费的范畴，向"经济人"和"社会人"方向越走越远。而且，过度的消费行为往往不考虑自然的承受能力和支撑能力。第三，评价体系与自然约束的分离。工业文明以来，经济学领域的关注越来越集中于价值这一焦点上，而对经济的物质内容重视的程度不断弱化。由此产生了一个倾向，用经济学上的"价值"来测度人类的经济活动，由于其在理论上或想象中可能能够永恒增长，所以追求经济的"无限"增长也就成为经济社会活动的主要目标。因此，人类重视前者而忽视后者。

（四）强调生产过程而忽视生态关系

人类在进行经济活动过程中，强调生产关系而忽视生态关系是非常普遍的现象。第一，人们往往从社会角度评价经济的合理性与有效性。如人们在评价一个经济体系或经济活动好坏时，往往从它的结构、效率、产权、效益等方面进行评价，而很少将生态目标或生态约束作为标准。第二，仅将自然资源作为经济要素来考虑。在人类从事经济活动中，对自然资源的利用，主要是按照人类的利己出发关注其经济价值，而忽略其在生态系统中的生态价值。第三，孤立地利用资源，忽视资源在生态系统中的相互作用。第四，经济区位优先的原则。生态系统是由一系列由生态要素充填期间的生态空间构成的。但是人类在进行经济活动中占用生态空间时，往往采取的是经济优先的原则，导致了其他生物生存空间的缩小甚至消失。在经济与环境存在矛盾时，或目标间相互抵触时，生态环境让位于经济。这一观念一直是工业革命以来人类处理自然与经济关系时遵循的基本意识形态。改革开放以来，我国在经济发展中环境让位于经济的实例不胜枚举，其导致的环境危机也是不言自明的。

人类在处理经济发展与生态环境保护间的关系时，存在长期的冲突和对抗。在西方，环保部门认为市场力量对环境有明显的破坏，即经济发展是导致生态环境破坏的原因，用市场经济的手段是无法解决生态环境问题的。而经济增长支持者认为，是环境问题阻碍了那些能显著提高生活水平项目的实施，过分强调生态环境保护阻碍经济的发展，因而影响生活水平的改善。

（五）强调"动脉经济"而忽略"静脉经济"

"动脉经济"和"静脉经济"是近年来新提出来的概念，是利用人体血液循环系统为比喻的经济概念。所谓"动脉经济"是指利用天然自然资源进行生产的经济或产业活动，所谓"静脉经济"或"静脉产业"是指对人类社会经济活动产生的废弃物进行收集、再生利用和无害化处理的经济活动或产业。随着循环经济理论的提出并在社会上的共识越来越广泛，"静脉经济"也越来越受到重视。

工业革命以来的经济活动，主要以从自然中获取资源进行经济活动为主，对主要经济活动产生的废弃物和人类生活的废弃物直接排放到自然界而不加利用，由此导致了对生态系统的双重压力：一方面，对自然资源的无节制开发与利用导致了原始生态环境的破坏；另一方面，大量的废弃物排放到自然界进一步加剧了生态环境的压力。尤其是 20 世纪以来，人类创造了无数的令自然界无法自然净化的产品，而有些产品对生态环境的影响可能是无法恢复的。初步估计，自汽车、电视机和空调等工业产品发明以来，人类已经累计生产了几十亿台或数百亿台，如果不对其达到寿命的淘汰产品进行处理，世界的生态环境状况是可想而知的。

总体上看，西方发达国家和新兴的发展中国家，在其工业化的初中期，其以自然资源消耗为主的经济发展模式是普遍范式，由此导致了经济与生态环境间的突出矛盾。

从人类整体发展的角度看，利用循环再利用的理念，将经济活动按照循环往复原则构建合理的模式，在理论上是可行的，也是符合可持续发展理念的。但是，从个体行为如企业的生产活动看，由于受到经济效益的约束和技术特性的限制，按照内部或有限系统组织循环经济的模式存在一定的难度，这也是为什么人类往往喜欢从自然界中直接攫取资源，而不愿意利用人类生产和生活的废弃物进行生产的原因。

此外，在全球化的今天，"静脉经济"的思想在某些发达国家开始成为组织全球产业链的理论或理念。虽有其可取之处，但我们也应警觉，防止发达国家利用这一理念转嫁污染或生态灾难。如将无法处理的电子垃圾、核废料、医疗垃圾向落后国家转移就存在这种倾向，其结果不仅是转嫁污染，还会造成贫富国家间的差距拉大。

（六）强调个体的最优性

在现代经济理论的框架下，任何经济活动，遵循的基本准则是强调个体经济活动的最优，如追求单个生产企业规模的最佳化、效益的最大化、技术的现代化。基本意识是认为个体的最优化能导致整体的最优和有序。

如此，产生了如下问题，为了追求单个经济体的最优，无论是私人，还是企业，或是区域，乃至国家，均以利用对己有利的条件和环境为原则，将不利于自身发展的条件外部化。最具代表性的例子是，人类在进行各类产品产生过程中，将废水、废气、废渣等直接排放到自然界中，而不考虑其行为对生态环境产生的后果。所以，在没有共同性的约束机制下，不重视生态环境的个体最优的经济范式对生态系统的消极影响是明显的。即使在约束机制如法律、行政管理、技术控制机制比较完善的情景下，由于追求个体最优也存在破坏生态环境的隐忧。

从上述的分析看到，经济学与生态环境规律间的矛盾体现在：第一，经济学只关注中间目的，不关心人类的终极目的，而自然资源，从目前人类的技术手段和利用方式看，为人类的增长设置了"极限"。而人类还没有意识到这一点，还在为突破极限而不懈奋斗着。人类的终极目的应是在人与自然和谐的前提下，实现"永存"。第二，经济学任意地把资源用于满足人类的需求，但是，无关紧要的需求可能是以生态环境的代价为基础的。经济学只关注如何满足需求，而不关注需求的满足与环境之间的关系。第三，只用稀缺的观念理解资源在经济发展中的约束作用，这大大简化了资源在人—自然复合系统中的作用。第四，没有考虑资源的有限性。

第二节　行为能力增长与自然承受能力

一、行为能力增长

工业文明以来，由于科学技术的进步和工具的发明，人类的行为能力迅速扩大，主要表现在：一是获取自然资源的能力达到了不可再生资源迅速耗竭、可更新资源更替速度不能弥补的程度；二是人类的力量达到了足以改变多数生态系统功能的程度；三是人类已经有能力制造自然界无法短时期或无法吸纳的产品。这些能力远远超出了自然的承受能力。尤其是 20 世纪，经济高速发展，人类感受到了社会经济的巨大进步，沉浸在发展经济的喜悦中，而忽视了自然界的承受能力和经济社会发展过程中出现的矛盾及不协调发展的格局。现代经济学的理论假设认为，相对经济子系统的规模而言，环境资源是无穷尽的，环境吸收废弃物的能力也是无穷尽的。[①] 在此假设的前提下，人类始终无节制地利用资源并向环境中排放废弃物。事实上，这种无节制的行为所造成的后果远远超出了自然生态的承受能力。国外有关学者利用系统的方法，对公元 1600 年以来全球资源、环境与经济发展之间的关系进行了模拟，H. T. 奥德姆全球发展模型是比较有代表性的研究成果（图 3 - 2）。从图中可以看出，20 世纪开始（1900 年）之前，世界资源的利用和经济财产的创造处于相对稳定的状态，人类活动对自然界生态系统的影响是有限的。然而，进入 20 世纪后，世界经济迅速发展，资产增长呈现直线上升的态势，但是却导致了资源的锐减。一方面，世界环境资源贮存，特别是地下的不可更新资源呈现直线下降趋势，这种趋势将会持续到所有的化石原料耗尽为止。另一方面，可再生自然，如维持生态稳定最重要的资源——森林，公元前7000 年，地球上森林面积达 0.76 亿平方公里，约占地球陆地面积的 1/2；直到 100 年前，全球陆地上仍有 42% 是森林；而现在全球的森林面积仅有 0.40亿平方公里，仅约占陆地面积的 1/3。[②] 拥有世界最大面积热带雨林的巴西，其森林覆盖率从 400 年前的 80% 减少到当代的 40%。我国人均森林面积仅为世界人均水平的 40%，居世界第 120 多位。[③] 联合国粮农组织 2015 年全球森林资源评估结果显示，自 1990 年以来，全球已丧失森林 1.29 亿公顷，几乎

① ［美］赫尔曼·E. 戴利：《珍惜地球：经济学、生态学、伦理学》，马杰译，商务印书馆2001 年版。

② 朱志胜：《全球森林面临前所未有的危机》，载《环境教育》，2006 年第 9 期。

③ 毛志锋：《人类文明与可持续发展——三种文明论》，新华出版社 2004 年版。

与南非的面积相当。1990 年，全球森林面积约 41.28 亿公顷，占全球土地面积的 31.6%，而到 2015 年则变为 30.6%，约 39.99 亿公顷。非洲和南美洲森林丧失最严重，2010—2015 年期间，非洲和南美洲森林的年损失率最高，分别为 280 万公顷和 200 万公顷。[①]

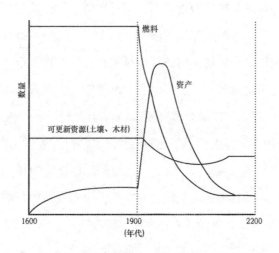

图 3-2　世界发展趋势的模拟曲线

（资料来源：H. T Odum, 1988；H. T Odum 和 E. C Odum, 1995）

二、消费规模扩大

从人与自然的关系方面考量，人类的消费行为对自然生态产生的压力主要来自以下几方面。第一，消费规模的持续增长。人类对土地、水资源、能源、森林等资源的占用已经远远超出了自然的自调解能力。例如，1850 年全球一次能源的消费总量只有 1.3 亿吨标准煤，1900 年增长到近 8 亿吨，2000

---

① 张建华：《全球森林面积减少但净砍伐速度下降》，载《中国绿色时报》，2016 年 3 月 23 日。

年消费总量已经超过 130 亿吨，150 年增长了近 100 倍。[①] 第二，过度消费。体现在对土地资源的过度占用、对生物资源的过度围猎、对海洋渔业资源的过度围捕，等等。第三，奢华消费。如对某些奢华物品的过度追求、张扬个性的排场追求等。第四，新奇产品的创造。近 200 年来，人类发明了大量自然界无法创造的且极难吸收的新奇产品，如塑料、金属合成材料、种类繁多的化学产品等，消耗了大量的自然资源，而且将其废弃到自然界中也产生了诸多环境问题。第五，废弃物的无节制和无规则排放。

上述消费行为，在"改善生活质量"的意识下，堂而皇之地发展，由此导致了对自然生态的破坏。从历史角度看，现代每一个人类个体的消费行为对自然环境产生的压力远远大于农业文明时代的人类个体。据有关研究测算，我国每个人的消费行为对环境产生的影响程度，现在的一个人是 20 世纪 50 年代一个人的 6 倍左右。[②] 相应地，我国人口从 1950 年的 5.52 亿人，增加到 2017 年的 13.90 亿人，增加了 1.52 倍。上述两组数据表明，近 60 年来我国社会经济发展对环境产生的压力是可想而知的。

第三节　人口增长与生态承载

人口爆炸性增长与地球生态系统承载的有限性间的矛盾是引起目前生态危机的主要根源之一。在意识层面，直到最近 100 年，人类才将自身的增长与环境的容量关联起来进行分析，但却极少采取限制自身增长以适应生态系统要求的行为。而且，在价值观层面，人类的主体意识是以通过改造自然界

---

① 张雷：《能源生态系统——西部地区能源开发战略研究》，科学出版社 2007 年版。
② 陈士勋、李利人、黄廷安：《论生态文明建设理念路径》，载《中共贵州省委党校学报》，2013 年第 1 期。

获取其所需要的东西为标志，所谓的生态承载是随人类的技术进步而变化的，没有必要限制人口的增长。事实上，人口的爆炸性增长改变了人与自然的关系，这既有积极的方面，更有消极的一面——人口爆炸性增长是导致生态危机的主因。

一、世界人口的增长

据有关研究，到公元元年，全球的人口只有2亿到4亿人，到公元1800年时，全球人口也只有10亿。之后人口急速膨胀，到1930年时，人口达到20亿，增加10亿用了130年的时间；1960年全球人口约30亿，1975年达40亿，1987年达50亿，2000年超过60亿，2011年超过70亿，2017年已经达74.47亿；人类每增加10亿人口所需要的时间越来越短（表3-2）。为了进一步促进各国政府和人民注重和解决人口问题，联合国根据开发计划署理事会第36届会议建议，确定1990年起每年的7月11日为"世界人口日"。如此庞大的人口，其在向自然界索取的过程中必将引起生态环境的破坏。表3-2是世界人口的基本增长趋势。

表3-2 世界人口的增长轨迹

年代	人口（亿）	年均增长率（%）	人口翻番周期（年）	每增加10亿所需的时间（年）
公元前7000~6000年	0.05—0.1			
公元元年	2—4	0.0		
1650	4.70—5.45	0.1	700	
1750	6.29—9.61	0.4	154	
1800	约10.00	0.47	150	近300万年

年代	人口（亿）	年均增长率（%）	人口翻番周期（年）	每增加10亿所需的时间（年）
1850	11.28—14.02	0.49	130	
1900	15.50—17.62	0.50	129	
1930	约20.00			约130年
1950	25.31	0.8	38	
1960	约30.00	1.9	37	30年
1970	36.78	1.97	36	
1975	约40.00	1.75	15	15年
1980	44.15	1.67	38	
1990	52.50	1.58	44	
2000	61.27	1.38	39	
2010	69.31	1.24		
2015	73.55	1.19		

注：根据有关资料整理。

二、人口增长的生态压力

（一）人口膨胀客观上对生态系统造成了巨大压力

人口膨胀意味着需要创造更多的社会财富来满足新增人口的生存与发展需要，以及人们日益增长的物质文化需求，从而消耗大量的资源，给世界资源的可持续利用造成严重威胁。第一，大面积生态系统被开发为耕地，为人类提供粮食，改变了原有的生态系统。第二，土地承载压力的迅速增大。1975年，世界人均耕地为0.31公顷，到2000年降到0.15公顷，减少了一半。20世纪70年代初，平均每一公顷耕地只需养活2.6人，而到2000年则需要养活4人。再以我国为例，1949年，我国人均耕地约0.18公顷，而到

2005 年，人均只有 0.10 公顷，减少了近一半。现在全国仅有耕地 18 亿亩（2013 年普查为 20 亿亩）。人类对土地占用的不断扩展导致了大范围生态系统的变化。第三，森林、草原、海洋等资源被大范围开发，资源被利用，形成了人类需求与资源更新的严重失衡。第四，矿产资源过度开发。第五，污染加重。图 3 – 3 是有关研究总结的人口增长—资源耗竭—环境污染的世界模型。从这一模型中可以看出，人口膨胀对环境的冲击是巨大的，有时是灾难性的。左图表示在人均粮食和人均工业产量达到高峰值后，人口和污染仍在继续增加，其结果是死亡率的剧增；右图表示资源利用在翻一番后，此时工业化达到更高的峰值，但到 2100 年后仍与右图一样，所不同的是环境污染已经严重到无法控制的地步。

（二）群体的集聚改变了自然生态系统的性质与功能

人口的膨胀一方面引起了人口分布的蔓延，另一方面也引起了人口的集聚，两种倾向都导致了自然生态系统功能与性质的变化。随着人类的足迹遍布高山、沙漠、海洋和南北极，地球自然系统无不深深地镌刻着人类的烙印，地球自然生态系统也因此演变成了人工、半人工的生态系统。第一，人类靠自己的力量改造了农业生态系统，将人类的意志加载在自然规律之上，改变了自然生态系统的功能。第二，人类利用自己的智慧建造了高度人工化的城市生态系统，改变了自然生态系统的功能和性质。根据联合国人居署中心统计，2008 年全世界人口有 50% 生活在城市之中，2015 年世界城市化率为 52%。全球有 19 个人口超过千万的大城市，这些区域，造成了人类大量干预自然环境的现象，形成了典型的人造生态系统。第三，高强度的资源利用改变了生态系统内部的作用规律和机制。第四，社会经济活动成为主要生态系统演化的主因，形成了人—自然复合系统，而且前者的主导性和主动性越来越强。

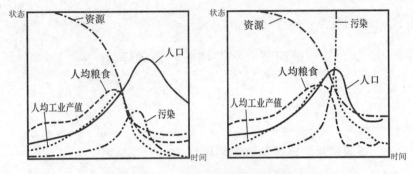

图3-3　人口增长的生态环境影响模型

注：引自毛志峰著《人类文明与可持续发展——文明的自毁与补救》，新华出版社2004年版，第15页。

（三）人口的局地意识割裂了生态系统的统一性

随着人口的增长，人们的生存空间意识也在增强，国家为主体的民族意识在过去200年中迅速增强了。人们开始围绕自己国家控制的国土范围进行一系列的资源开发和经济建设活动，并且这些活动是以自己的利益最大化为目的的，这种局地意识和行为与生态系统的开放性和整体性是相互冲突的。首先，人类活动的局地意识破坏了河流、海洋、森林等生态系统的整体性。其次，人类在整个自然界中往往占据的都是优势的生态区域、生态枢纽等，即具有较好的生态区位，在整个生态系统中具有至关重要的作用和地位。人类行为的局地意识发生在这些区域，对生态系统的影响是深远的，导致整个生态系统的深刻变化，有时是灾难性变化。第三，人类活动的局地意识，如以国家为主体的行为，往往采取利己主义行为。这种自我至上的行为可能与生态系统的整体利益相冲突。

第四节 经济增长与资源环境

一、资源利用广泛性与资源环境压力

虽然经济学中将资源作为可替代的要素来考虑，在认识或意识层面形成了经济活动与资源环境约束的背离倾向。但是，人类社会的经济发展始终没有离开过对资源的依赖，而且这种依赖越来越密切，越来越广泛。表3-3是对技术革命以来人类经济活动与资源环境关系的总结，其主要体现为以下特点：

（一）对自然资源的依赖越来越强

技术革命以前，由于人类技术手段的限制，对自然资源的利用主要集中在土地、水、森林、动植物等可再生或可反复利用的自然资源方面，利用的规模有限，利用的空间范围集中在局部，因此对资源环境的影响相对较弱。而技术革命以来，人类对自然资源的利用范围大大扩展了，并从可再生资源向不可再生资源扩展，能源、矿产成为人类赖以生存的主要资源，而这些资源的开发，一定程度上彻底改变了人与生态系统即自然环境间的关系。

表 3 – 3　技术革命以来人类经济活动与资源环境关系

	1600	1700	1800	1850	1900	1950	2000 (年代)
技术革命			第一次		第二次	第三次	第四次
主要标志			纺织机械 蒸汽机 机器制造业		电力技术	核技术 电子计算机 空间控制技术	微电子技术 信息技术 生物科技
依赖的关键资源	耕地 森林 动植物 铁	煤	有色金属 石油	稀有金属 稀碱金属 非金属			
经济结构	第一产业 第二产业 第三产业 (1)：(2)：(3)				(2)：(3)：(1)		(3)：(2)：(1)
先导产业	农业 畜牧业 手工业		纺织 钢铁 机械		油 气 有 色 机 械 钢 铁 化 学 电 力	材 料 电 子 原子能 机器人 自动化	宇 航 合成化工 信息技术 生物技术
经济对资源环境的影响	相对较弱 局部		逐渐增强 从局部到全球			强 全球	
人类对资源环境的认识	自然决定论		主客二元论			协调论	
经济活动目的	利用自然满足生存		依托资源生产财富		利用资源创造财富		
经济对生态的累积影响	较弱		逐渐积累		矛盾尖锐	追求协调	
经济对环境的累积影响	较弱		逐渐增强		矛盾尖锐		

（二）不可再生资源成为经济发展的基础

经济体系运行的基础从以可再生资源为基础转向以不可再生资源为基础。17 世纪以前，人类建立的经济体系主要以农业为主，既是手工业，也是以生物等可再生资源为主的。而现代社会，无论是发达国家，还是主要发展中国家，其经济的增长与发展均以不可再生的矿产资源为基础，有些地区甚至将开采资源作为经济活动的主体。据研究，17 世纪以前，人类对资源的消耗 80% 以上为可再生资源，不可再生资源只占不到 20%；而到目前，人类消耗的资源，按照经济价值核算，80% 以上为不可再生资源，可再生资源只占

15%左右（图3－4）。

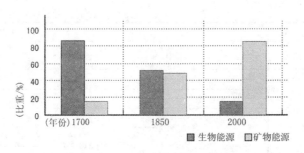

图3－4　能源资源消耗结构的变化

注：引自张雷著《能源生态系统：西部地区能源开发战略研究》，科学出版社2007年版，第7页。

（三）经济活动对资源环境的影响越来越强烈

从历史进程看，人类经济活动对生态系统的破坏不断加大，累计效果明显，进入20世纪后，尤其是20世纪后半叶以来，人类经济活动不仅对生态的影响进一步加重，而且对环境的影响日益强烈，形成了污染不断加重的态势。目前，人类生存的生态环境系统，正面临着生态破坏和环境污染的双重压力。例如，人类历史上损失的土地达20亿公顷，比现在的耕地还多，其主要原因是滥伐森林、乱垦草原造成的荒漠化和水土流失。塔克拉玛干沙漠面积3376万公顷，其中近20万公顷是近200年形成的；撒哈拉以南6500万公顷沙漠是近50年形成的，近20年来，全球因荒漠化而损失的土地相当于美国的耕地面积；非洲荒漠化土地面积占世界的一半多。[①] 据英国前首相托尼·布莱尔先生主持的《打破气候变化僵局：低碳未来的全球协议》的报告，每年有1300万公顷、相当于希腊土地面积的森林遭到破坏，在热带地区还有2400万公顷的森林在逐步退化。在2000至2005年间，仅仅巴西和印度尼西亚就占了全部森林损失面积

---

① 舒惠国：《生态环境与生态经济》，科学出版社2001年版。

的一半。森林的退化程度不同，但是根据千年生态系统评估情景，到2050年，在发展中国家将有2亿至4.9亿公顷的森林遭到破坏，这占目前总体森林面积的5%至12%。[①]

（四）经济活动形成了全球性的影响

技术革命以来，人类的经济活动已经逐渐从一地一城的群体行为转化为全球性的经济行为。对生态环境的影响已经成为全球性的现象。

二、资源开发规模扩大与资源环境压力

事实上，人类的经济发展史就是一部人类向自然索取的历史。而这种索取是以自然资源的开发为标志的。无论是以经济学中的"价值"衡量，还是以物质实物的数量度量，技术革命以来，人类的经济活动规模迅速增长，形成了足以影响生态系统发生质变的能力，成为生态系统演变的最主要驱动因素之一。

（一）农业经济的发展使得土地资源的开发规模迅速扩大

1600年世界人口的规模不到5亿，估计全世界谷物的产量不会超过1亿吨；经过400年的发展，到日前全世界人口的总数已达74.47亿（2017），据世界粮农组织的统计，2017年全世界谷物总产量达25.97亿吨，比1950年（6.3亿吨）翻了两番。在这一发展过程中，大量的土地被开发为农田，原始自然生态被改变，大量的被人类认为适宜居住和耕作的地区同时也是其他生物生存的空间被人类占用。而且，由于人类的科学技术进步，诸多化肥和农药被发明，大量化肥农药的使用对生态系统产生了严重影响。此外，长期的农业活动以及不合理的生产方式，也是导致沙漠化的因素之一。

---

① 胡鞍钢、管清友：《应对全球气候变化：中国的贡献——兼评托尼·布莱尔，〈打破气候变化僵局：低碳未来的全球协议〉报告》，载《当代亚太》，2008年第8期。

(二) 大量的森林被砍伐

联合国发布的《2000 年全球生态环境展望》指出：人类对木材和耕地的需求，使全球森林减少了 50%；海洋鱼类被捕捞。改变了森林、海洋生态系统。这些方面的事实是不胜枚举的。

(三) 能源的开发规模迅速扩大

既是导致生态破坏的原因，也是导致环境变化的主要因素。据估计，1776 年全世界的煤炭产量在 2000 万吨左右，而之前产量可能更少；到 1860 年全世界煤炭产量约为 1.38 亿吨，20 世纪的 1975 年全世界煤炭产量达到 33 亿吨，进入 21 世纪的 2005 年全世界煤炭产量已经达到 57 亿吨[①]，2015 年达 77 亿吨。世界煤炭产量的历史变化见图 3-5。据估计全世界已累计煤炭开采

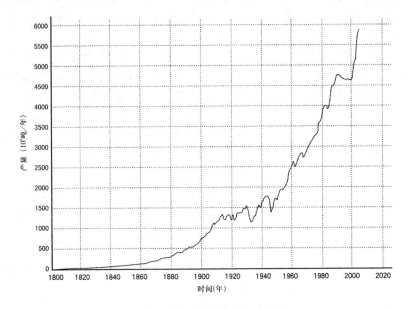

图 3-5 世界煤炭产量历史变化

注：根据 ［美］ 赫尔曼·E. 戴利著《珍惜地球：经济学、生态学、伦理学》，商务印书馆 2001 年版，133 页图整理。

[①] www. chinairn. com（访问时间：2007 年 8 月 28 日）。

量在1500亿吨以上，而目前人类所关注的主要问题仍是如何开采煤炭使其为人类服务，而不是煤炭开采与利用对人类依赖生存的生态环境产生的影响。

从石油的开发历史看，19世纪50年代石油开采开始发展成为一个工业行业，之后开采规模持续增长，从1880年到1970年的90年间，年产量平均以每9.8年翻一番的速度增长。1921年全世界石油总产量突破1亿吨大关，1950年超过5亿吨，1979年达到31.3亿吨（之后下降，1985年下降为26.7亿吨，1990年重新超过30亿吨）[①]，到2015年全世界石油产量为39亿吨。石油的大量开采和加工利用，在为世界经济腾飞提供了前所未有的动力的同时，也对世界环境产生了影响。与煤炭一样，目前人类所关注的主要问题是如何使石油开采可持续并为人类服务，而不是石油开采与利用对人类依赖生存的生态环境产生了何种影响。

（四）金属矿产资源的开采对生态环境的影响是巨大的

18世纪的70年代，全世界生铁产量大约在35万吨左右，而到了1976年，全世界的生铁产量已经达到5.6亿吨，200年的时间内增加了1550多倍[②]，到2005年达7.85亿吨，2017年达16.9亿吨。而且，其他金属资源的开采规模也迅速扩大。金属资源的开采和冶炼，一定程度上改变了局部区域的生态功能，更主要的是其在冶炼与加工过程中对环境产生了严重影响。

（五）水利资源的开发

水资源是人类生存的最基本因素，也是人类经济活动的最重要资源之一。水资源的开发集中在两方面：一是作为人类生产和生活的最基本要素的投入，二是水能资源的开发。两方面均对生态环境产生了较大影响。

---

① ［美］赫尔曼·E.戴利：《珍惜地球：经济学、生态学、伦理学》，马杰译，商务印书馆2001年版。

② ［美］赫尔曼·E.戴利：《珍惜地球：经济学、生态学、伦理学》，马杰译，商务印书馆2001年版。

工业革命后的短短两三百年，在西方文明为主导的发展思路引导下，全球爆发了两次世界大战，大气中的二氧化碳浓度升高了 80ppm，全球温度上升了 0.74℃。

第五节　制度建设与生态环境保护

一、行为的惯性

工业革命以来，人类在主客二元认识论和经济理论的支持下，形成了一套较为完备的行为体系，这一行为以生产—消费为主体，以满足人类的需求为目标。美国经济学家罗斯托以国家为单位在其著作《经济成长的阶段》中总结了人类社会经济成长的阶段后发现，人类一般经过传统社会阶段、准备起飞阶段、起飞阶段、走向成熟阶段和大众消费阶段。可以看出，追求消费即满足人类的需求是人类生产的目的，也是发展的比较高级的阶段。虽然他在分析这一过程中并没有阐述经济发展与资源环境之间的关系，但是，其消费的基础毋庸置疑应该是自然界提供的物质基础和自然界的接纳容量。发达国家基本上经过了上百年的经济发展，进入了发达社会，形成了高消耗的消费习惯，成为发展中国家追捧的对象。这种消费惯性已经成为全人类行为的惯性在持续着，加剧了人类社会与资源环境之间的矛盾冲突。

二、制度变革的滞后性

依据现代科学技术和经济理论建立的社会经济制度，以追求人类社会利益最大化为目标的，其他要素，包括生态环境，都是实现目标最大化的条件。所以，人类社会经过几百年建立起来的社会制度（包括经济发展机制、社会管理体制，等等）是以刺激自然资源的大量消费为基础的。这些制度既是保障目前社会经济体系正常发展的基础，也是导致人类社会与自然冲突的主要原因。

在倡导人与自然和谐、追求可持续发展的今天，制度方面的滞后性是非常显著的。第一，目前人类社会建立的社会经济体系，以满足人类的需要为核心，不能反映人与自然和谐发展的理念，不能从根本上解决人类行为与自然环境间的矛盾问题。如缺乏资源消耗的极限约束，缺乏对人类自身生产规模的基本控制。无论是发达国家，还是发展中国家；无论是资本主义国家，还是社会主义国家，其基本制度均是以牺牲生态环境为代价换取发展的。第二，目前的社会经济制度以刺激资源的利用为特征，而不是以保护生态环境为前提，这与可持续发展的理念相冲突。虽然人类已经意识到可持续的重要性，也试图规定用代际利益的原则规范人类社会的各种行为，但这种原则在现实中是虚无的，无法界定的。第三，消费制度的奢侈化倾向。这方面的例子不胜枚举，也是人类社会现存制度中导致人与自然关系紧张、产生生态危机的主要根源。这与可持续的理念背道而驰。

但是，至今为止，包括发达国家和发展国家在内，全球还没有做出实质性的行为来改变现有制度的缺陷，以便为人类社会的可持续发展，促进人与自然协调发展制定一个可行的框架。

三、生产方式转变的代价

虽然绿色生产、循环经济已经成为当前人类社会发展经济的基本理念和共识，试图使人类的经济活动达到"经济效益、社会效益和生态效益"三效合一的目标。但是，工业革命以来建立起来的基本的生产方式，是以消耗资源、追求"经济价值"为特征的，而不是以保护生态环境为前提的，生态效益的目标还非常遥远。要改变这种长期形成的生产方式和观念，需要付出非常昂贵的代价，也是一个长期努力的过程。

目前人类社会建立的生产方式，其基本特征是：第一，以满足人类的"无限"需求为生产目的，以此建立的这种生产方式关注的首要问题是人类的"需求"增长，不是需求与自然环境间的关系，更不是自然环境的约束。要改变这种生产意识是非常艰难的。第二，以追求经济投入—产出的合理关系为核心，而不是以追求经济生产与资源环境的和谐为前提。第三，以追求单一产品的高效化为目的建立企业，而非资源的充分利用。在生产过程中产生了大量的废弃物，并且不加处理地排放到自然界，但对这些废弃物进行处理在经济上是"不合理的"。第四，以追求生产企业自身的最大化和效益最佳化为目标，将环境问题视为外部性问题。第五，完全循环经济的生产方式既存在不经济性，也存在技术上的障碍。要改变上述问题使生产方式符合人与自然环境协调发展的要求，代价是非常大的。这也是可持续发展模式形成缓慢的原因。

第六节　局部利益与生态系统整体性冲突

一、整体性的生态系统与人类活动的局域性

（一）人类活动的局域性

农业文明以来，定居成为人类生活的基本模式，即以群体为特征的人类

的生产与生活活动被限制一定的地域范围内，形成了局域性的空间活动特性。这种局域性体现在两方面，一是以利用区域自然条件为主的农业开发，二是城市的不断增长和扩大。前者的局域性体现的是面状特征，而后者体现的是"点"状特征。从发展趋势看，人类活动的局域性倾向仍在加强。

上述特性，导致人类的活动与某一区域自然条件、生态特性紧密地结合起来。一方面，促使人类提高了对这些区域自然资源、生态环境的利用，尤其是对土地的利用，使得其在人类的经营下单位面积的食物产量不断提高，满足人类人口增加而不断增长的需求。另一方面，由于人类长期定居在某一区域范围内，并不断对所在区域的自然生态系统施加影响，使原始的生态系统不断发生变化，形成受人类影响的系统。如城市生态系统，一定程度上改变了原来的自然生态系统。

（二）局域性活动的意识形成

由于人类越来越强的局域性活动趋势，导致了其在与自然关系上认识的局域性，即生态意识的局域性。第一，生态环境认识的局域化。形成了以所感知的区域为对象认识自然环境的认知模式，并将这种模式外延，成为认知世界的基础。即从局部推演整体的认知观。第二，资源占有意识的局域化。由于长期的定居，人类以群体为单元占据一定的地域空间，自然而然占有其资源，形成了可以支配、利用这些资源的"主人"意识。第三，疆界意识不断形成。随着人类的发展，群体的疆界意识越来越显著，并按照这种意识，形成了一系列的制度，采取了一系列的举措，如疆界的控制与封闭等。最突出的是以"国家"为空间范畴的有效控制，形成了虽空间邻接但联系阻隔的拼接状态。第四，局域利益或局部利益意识的形成。在疆界意识的指导下，特定群体一般按照可控地域范围内的合理性安排社会经济活动，遵循区域或局部利益至上的原则。

（三）局域性意识对生态系统整体性保持的挑战

局域性意识的形成对生态系统的整体性的保持是一个主要挑战。尤其是工业革命以来，局域性的观念和行为对全球生态系统的演化产生了非常强烈的影响。在局域意识的作用下，产生了三种利益，一是特定地区的本身利益，二是不同地区间的共同利益，三是所有区域共同追求或期望的整体利益。

无论是经济学上的利益、社会学上的利益、生态学上的利益，还是哲学层面的利益，人类在进行社会经济活动中，往往以追求第一种利益为首要目标。而这种"个体"至上的原则，与生态系统整体性如何协调，则是人类社会发展的一个难题，也是导致生态危机的根源之一。

工业革命以来的局域意识形成的问题是：局域利益是可以衡量的，现实中是实在的，也易于控制和实现，但整体的利益是难以衡量的，现实中是虚无的，也是难以控制和实现的；而多数情况下，生态环境的保护与维持反映的是整体利益。局域的经济利益是可望可及的，而整体的生态利益是无法直接感知的，局部性的生态利益是可以感知的，但整体性的生态利益则是无法精确判断的。如何处理这些关系，则是困难的。在意识层面进行调整也是比较难的。

二、局部与整体利益协调和冲突

（一）国家间利益协调与冲突

工业文明的民族主义理念赋予了每个国家独立管理国家内部事物的绝对权利，但是，许多生态环境问题是全球性的，需要在全球范围内采取共同的行动。可以主观地说，目前人类活动导致的生态危机，其根源之一在于"国家"这一意识的存在和不断强化。

"国家"意识的具体体现是：追求国家的最高利益，保持国家的整体性和军事安全；追求社会和民族的完整性，保持社会等稳定性；追其经济竞争能力和可持续性；追求生态的稳定性和可持续性。因此从国家层面看，其形成的意识中，生态的位次是相对靠后的，只有其他目标实现后，生态问题才被提到应有的地位。

国家意识割裂了生态系统的整体性和有机的内部联系，导致以国家利益调整人与自然的关系存在一系列问题或冲突。第一，国家的最高利益不一定是生态系统可持续发展的长远目标。第二，经济利益与生态环境可能存在背离的倾向。第三，国家间的生态利益可能被民族或国家经济利益所取代。

（二）地区间利益协调与冲突

在国家内部，"地区"意识也是导致生态问题的原因。随着人类文明的进步，"城市"已经是人类活动必不可少的空间载体。并围绕"城市"这一地域空间形成了明确的空间活动范畴和空间意识。在现代社会，城市意识使人们追求城市的运行效率和生活的高质量化，而是否与生态环境相协调，则往往被忽略。即使存在问题，人们也倾向用技术手段去改善生态环境使其适应人类的需要。所以，局部区域的环境目标就代替了整体性的目标，这与生态系统的整体性是矛盾的。

当前我国的环境管理普遍存在着管理部门职权范围不清、机构法律地位不明、行政执法力度不够，甚至某些地方、某些部门出现了相互推诿、相互争利的局面。这种困境的形成有环境法的自身原因，也有行政管理的体制缺陷；要摆脱这种困境不仅需要完善环境立法，还需要改革体制，从整体上强化环境管理。

三、局域观念主导下的问题

（一）环境影响的域外性

与经济外部性一样，人类活动的局域性产生了显著的域外性，即在追求自我利益最大化的同时，将具有危害性的行为或物质转嫁给其他区域，自身生态环境改善的同时导致其他区域生态环境的恶化，最终导致整体生态环境的恶化。我们可以将这种行为视为"空调效应"。

在全球化的今天，发达国家为了维护本国的生态环境，将高污染、高物耗的产业向发展中国家转移，导致了发展中国家生态环境的恶化，最终导致全球生态环境的恶化。这就是局域性活动域外性的具体表现。发达国家是世界能源消耗较集中的国家。世界人口15%的工业发达国家，消费了世界56%的石油和60%以上的天然气、50%以上的重要矿产资源。[①] 发达国家为了自己的环境，向发展中国家转嫁产业和责任。20世纪后半叶以来，"经济全球化"迅速发展，污染型产业在国家间的转移成为生态系统和环境恶化的主要因素。20世纪70年代初，发达国家加大了对环境污染的控制，而与此同时，发展中国家的环境管理制度还不完善，由此导致一些污染性产业向发展中国家转移，发展中国家成为污染者的天堂。世界银行通过对北美、欧洲、日本、拉丁美洲、亚洲新兴工业化国家或地区、东亚发展中国家的钢铁、非金属、工业化学产品、纸浆及纸张、非金属矿物产品五个严重污染部门的进出口比率分析，发现这种污染者天堂的阴影的确存在过。例如，20世纪70年代初期以后，日本的上述行业的进出口比率迅速上升，而新兴的工业化国家和地区，如韩国、中国台湾、新加坡和中国香港，这些工业部门的进出口比

---

① 春雨：《跨入生态文明新时代》，载《光明日报》，2008年7月17日。

率却有了极大下降。10 年以后，同样的情形又出现在中国大陆及其他东亚发展中国家。因此，可以如此理解，在亚洲，随着日本——新兴工业化国家——东亚发展中国家经济增长和产业结构转移的"雁型模式"，也同时伴随着污染转移的"雁型模式"（图3-6，图3-7）。

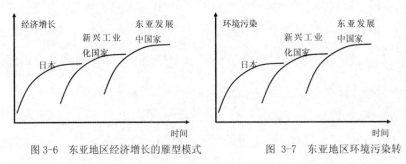

图 3-6 东亚地区经济增长的雁型模式　　　　图 3-7 东亚地区环境污染转

注：引自刘毅等著《沿海地区人地关系协调发展战略》，商务印书馆 2005 年版，第 174 页。

（二）环境威胁加重

由于缺乏整体性的生态环境意识和行为准则，局域性的行为意识导致了整个生态系统问题的突出。一是威胁程度加重。根据有关研究，2007 年大气中二氧化碳浓度达到了 $379\mu mol \cdot mol^{-1}$，是地球历史上 65 万年以来的最高值。而且过去 10 年中大气二氧化碳浓度以每年 $1.8\mu mol \cdot mol^{-1}$ 的速度增长。[1] 远远超过了工业化之前 280ppm 的水平，且数值不断增长。英媒称，2013 年美国冒纳罗亚观测站测得，地球大气二氧化碳浓度越过 400ppm 标志。2017 年冒纳罗亚观测站首次测得大于 410ppm（ppm 为百万分之一）的数值，表明目前地球大气中的二氧化碳浓度为数百万年来最高。[2] 从温室气体排放

---

① 潘剑彬、董丽：《北京奥林匹克森林公园内二氧化碳浓度特征研究》，载《园林科技》，2008 年第 3 期。

② 王天僚：《大气二氧化碳浓度突破阈值创下数百万年来新高》，http://www.cankaoxiaoxi.com/science/20170428/1942501.shtml（访问时间：2017 年 4 月 28 日）。

增量上看，根据国际能源署（IEA）《2007 世界能源展望》的预测，在参考情景中，2005—2030 年的全球二氧化碳排放量将上升 57%。[①] 二是环境危害由局部已经演变为全球性的问题。除气候变暖外，环境污染已经从发达国家向发展中国家蔓延。三是农药、化肥等产品的全球性使用，对全球的生态环境的影响越来越大。

（三）利己主义行为准则的形成

工业革命以来，由于以国家为主体的社会格局的形成，造成了以国家为单位的利己主义倾向。每个国家都以自身的标准确定社会经济行为，追求自身的利益。这种倾向使得全球性的可持续发展倡议举步维艰。按照这种原则，在全球性的环境问题上相互推诿，谋求私利，推卸责任。

---

① 胡鞍钢、管清友：《应对全球气候变化：中国的贡献——兼评托尼·布莱尔 < 打破气候变化僵局：低碳未来的全球协议 > 报告》，载《当代亚太》，2008 年第 8 期。

第四章 生态价值观的文明转向

在可持续发展观念提出并形成广泛的共识之前，人们的生态价值观可以认为是传统的生态价值观，并持续了上千年，但是工业文明以来形成的生态价值观对人类更具有重要的影响，发达国家在此起了重要的作用。发达国家在经济发展中取得了令人炫目的成功，由此建立起了"优越"的价值观念，以"上帝"的代言人或地球的管理者自诩，形成了相应的宗教、社会文化和价值体系，并不遗余力地将这种价值观传播。但其回避了这种价值观对地球生态系统造成的危害，更没有检讨还在对地球系统的伤害。如果这是全人类发展的完美无瑕的范式，那么地球生命系统将变得更加脆弱，在这一价值观的指导下，人类对资源的利用、对环境的认识与保护、经济发展观念建立等体现出一系列的特征。

因此，不在价值观方面进行反思，是无法改变现状的。依赖于没有生态文明价值观指导的物质生产和技术措施，人类是不可持续的。

第一节 生态文明转向时代性

工业文明的300多年中，人类取得了巨大成就，但也付出了沉重的代价。

近 40 年来（以 1972 年斯德哥尔摩人类环境会议为界），人类开始思考自身的发展问题，并将人类的可持续发展与我们的生存环境——地球的生态系统的可持续发展联系起来，在价值观层面已经开始意识到生态系统是人类居住其中的一个有机联系的系统，人类对生态系统的管理既要体现在高效利用等方面，也必须体现在积极保护方面，而不是在生态系统威胁到人类的生存时，才不得不对其进行保护。逐渐形成了新的生态价值观。新生态价值观的逐步形成，将改变人类发展的基本观念，促进人类社会的可持续发展。

一、征服自然转向和谐共生

（一）和谐共生意识的逐渐形成

生态文明意识的兴起，正在改变人类征服自然、主宰自然、奴役自然、支配自然的行为哲学，人与自然和谐的观念开始成为价值取向。人是价值的中心，但不是自然的主宰，人的全面发展必须促进人与自然和谐。强调人与自然、经济—社会与自然的协调发展；以生产发展、生活富裕、生态良好为基本原则，以社会—经济—环境的全面发展为最终目标。反对人类利己主义的大规模干预自然和改造自然的行为。虽然主客二元论的人与自然关系意识观念仍是主流，但人类在强调人是自然的主人和主宰的同时，逐渐从尊重自然规律和满足人类需求两方面来决定对自然的态度和自身的行为方式，体现了人类发展与自然即生态环境的协调。

（二）意识与行动转向

局部性向整体性转向。工业革命以来形成的机械论的自然认识论正在发生变化，越来越明显的意识倾向是将包括人类在内的自然系统看成是一个有机的系统，在强调自然要素的个体性、局部性、功能性、工具性和结构性的同时，更关注生态系统的整体性、内在性、关联性和系统性。

个体利益向共同利益准则转向。在整体性的意识下，人类正在从关注局部利益向关注整体利益转向。在以国家、城市为活动空间的模式得以保持的同时，全人类的利益、全球的利益和地球生态系统的可持续性越来越受到重视，整体性的价值准则不断强化。

资源的可持续利用转向。人类在强调高效利用资源的同时，越来越意识到资源的有限性，资源的生态价值和可持续利用成为价值取向，资源利用的经济主义和功利主义倾向正在被削弱。人类对资源利用的过程中，越来越关注其他物种，既强调自然生态系统工具价值的同时，也强调生态系统的内在价值。

二、追求物质增长转向可持续发展

（一）生态系统认知的转变

从生态系统是经济系统的组成部分向经济系统是生态系统的组成部分转向。经济系统是生态系统的一部分，而不是将生态系统纳入人类的经济系统。这一转向是生态文明下经济发展观的重要方面，是彻底改变人类凌驾于自然之上的标志，也是生态文明形成的标志。虽然这一转向还不十分明显，但在某些地区（如北欧）、某些国家已经成为一种趋势。工业文明以来，无论是从经济理论方面，还是从经济生产活动方面，都形成了将生态环境系统纳入经济系统的意识。所以，生态文明时期与工业文明时期的经济发展观存在明显的差异。

（二）多维度均衡发展转变

自世界环发大会召开起的近40年来，人类开始在空间维度（国际之间、族际之间、区际之间、群际之间、性别之间）、时间维度（代内与代际之间）和时空耦合（人种与物种之间）上追求公正性，在规模与容量上追求均衡性。

绿色制造转向。绿色制造是一种综合考虑环境影响和资源效率的现代制造模式，其目标是使产品设计、制造、运输、使用到报废处理的整个产品生命周期中，对环境的影响最小，资源利用效率最高。当前国内外已经意识到转变经济增长方式的重要性，开始倡导绿色制造。但绿色制造作为可持续发展的一种理念，还没有形成普遍的模式。

环境成本内部化转向。所谓环境成本内部化是指把商品生产、使用过程中造成的环境污染和资源流失所形成的损失计量在生产成本或交易成本中。近年来国内外特别关注环境的治理和温室效应就是这一转向的具体体现。这一转变的意义在于：有利于从总体上协调经济与环境之间的矛盾，有利于扭转资源过度开发的倾向，有利于纠正资源利用率低和大量浪费以及过度消费而造成的环境问题的倾向，有利于推行清洁生产和全过程的环境控制。

经济价值理论转向。在生产领域，或在经济领域，生态文明的重要表现形式是对传统经济价值理论的改变。传统经济价值理论认为，没有流通参与的东西没有价值；没有价值的东西之所以在形式上有价格是由于其垄断性、稀缺性和不可缺性。并且这样的东西仅限于矿产、森林、土地等，水和大气不在其列，因为它们是取之不尽，用之不竭的。新的理论推翻了这种解释，认为自然资源的构成是二元性的，即由自然资源物质和自然资源资本两部分构成的，而这种二元性使自然资源价值具有二元性。传统理论割裂了自然资源的二元性，只看到自然资源资本的价值，忽视了没有人类劳动参与却有价值的自然资源物质部分。正是这种把环境成本外在化的看法，导致了传统生产和贸易主体不但毫不吝啬地使用资源，而且愿意毫不可惜地污染环境，这是环境问题、生态危机的经济学根源。

三、过度消费转向俭约消费

（一）抑制过度消费

过度消费、极端消费以及盲目消费是 20 世纪人类发展的表象之一，人类为了满足需求无节制地向自然索取，造成了对生态系统的破坏。20 世纪 70 年代以来，西方一些国家开始反思社会消费观念的缺陷，逐渐意识到俭约消费才是解决人与自然矛盾的根本途径之一。

（二）倡导简约消费

节俭、节约的消费观念是生态文明价值观的主要体现，是对工业文明时期形成的享乐主义的社会价值观的摒弃。这一观念体现在：一是采取对自然生态系统危害最小的消费行为。工业文明倡导的是鼓励消费，消费与生态环境无直接关系，只存在间接关系。二是摒弃过度消费、极端消费以及盲目消费。上述消费行为导致了享乐主义、对生态环境漠不关心的倾向。三是强调资源的循环利用。资源的重复循环利用是俭约消费观的具体体现。四是形成简约的消费文化。五是以物质的最小消费为目标。

四、被动保护转向双重约束

（一）标本兼治的指导思想

科学技术不再是人类征服自然的工具，而是修复生态系统、实现人与自然和谐的助手。在解决环境问题时，遵循双重路径，即一方面通过技术进步改善生态环境，解决工业化引起的一系列环境污染、生态破坏等问题；另一方面，从人类的经济行为、消费行为等方面改变行为方式，从根本上消除或减低人类活动对生态环境的影响或破坏，即形成"标本兼治"的环境观念和行为。相对而言，规范人类的行为比技术突破更重要。

（二）保护与合理引导

坚持节约资源和保护环境的理念，形成绿色发展方式和生活方式。确立资源节约型和环境友好型的生活方式和消费模式，坚持适量的物质消费和多方面的精神文化消费的合理结合，杜绝盲目消费和过度消费。自觉践行生态文明理念，适当的资源占用，坚持可持续的利用方式。形成合理的法规，规范引导社会各种活动与生产、生活行为。推动绿色、循环、生态经济发展。共同推动全球可持续行动与社会治理。

从整个人类历史的发展看，生态价值观经历了演化的过程，从原始文明、农业文明到工业文明，再到生态文明的转向，不同文明时期，生态价值观具有不同的特征，并对社会生活产生积极或消极的影响。生态价值观演化的过程，遵循一定的规律，从认识论看，是马克思的"物质决定意识，意识对物质有反作用"的原理，不同文明时期，人们所以有那样的认识，是由当时的社会物质生活条件、生产力发展水平决定的，并随社会物质生活条件、生产力发展水平的变化而变化，遵循"实践、认识、再实践、再认识"的认知规律。表4-1是对人类生态价值观演化的表征的总结。

表 4-1　人类生态价值观演化的主要表征

项目	原始文明时期	农业文明时期	工业文明时期	生态文明时期
人与自然关系	依附自然	适应与利用自然	利用与改造自然	改造与协调自然
人的作用	自然中心主义	弱人类中心主义	强人类中心主义	协调主义
认识论	自然决定论	或然论	人类决定论	协调论
人类能力与自然力的对比	微小	小	中	大
生态意识	崇尚	适应	改造	协调
生态意识强弱	弱	弱	弱	强
对自然环境的认识	生存条件	生活条件	财富条件	可持续发展条件

续表

项目	原始文明时期	农业文明时期	工业文明时期	生态文明时期
生态文化	混沌	生境意识	生产意识	生存意识
对资源的认识	生存条件	生存基础	财富基础	存续基础
人类认识中生态系统的价值	混沌认识 食物基础 自然感知	自然条件弱认识 生存基础 局部认知	自然要素强认识 生产基础 强烈的区域认知	作用关系强认知 存续基础 整体性认知
生态管理	无	弱	中	强
人与自然的矛盾	微小	弱	强	强
技术进步对生态管理的影响	弱	弱	强	强
经济意识与生态意识的冲突	弱	中	强	强
伦理与生态意识	混沌	冲突较强	冲突明显	协调
生态意识的空间尺度	无	国家或地区局部相对封闭	国家及国家间，大区域尺度相对开放	国家间及全球全球、整体及立体空间开放
生态管理的空间尺度	无	小	中	大
发展与生态观	生存至上	发展	发展至上	可持续发展

第二节　现代生态价值观的基本内涵

在倡导生态文明的今天，在利用我们既有的智慧、技术和手段解决我们面临的生态危机的同时，我们还必须在意识层面和理念上加以改变，调整人与自然的关系，由"依附自然""利用自然""征服自然""改造自然"到人与自然和谐发展——"人然相融",即倡导现代生态价值观。

从生态文明建设的整体性而言,我们现在所倡导的现代生态价值观不是一个单纯的哲学概念,它更应该的是一种公众文化素养的体现,是理论与实践的统一。现代生态价值观的重构,必须体现整体、关联、节约、简约、协调的基本理念。结合前面的历史分析和生态价值观合理内核的吸取,本书认为,所谓现代生态价值观,就是以整体性的认识论、关联性的系统论、经济上的循环论、资源利用的俭约论、关系维系的协调论的"五论"作为认识和规范人与自然关系的基本价值观。

一、整体性的认识论

生态系统是一个整体,人和自然物都是其中不可或缺的组成部分。现代生态价值观倡导的基本理念,应是一切事物在整个生态系统的金字塔内都是有其存在价值的,系统价值是个体价值存在的基础;同时每个个体存在有以自身为目的的内在价值。

(一)树立人—自然复合系统的一体化认识观

工业文明的自然观是机械的自然观,这种自然观把人从自然中分离出来,把自然看成是一架没有生命、可任由人类拆解、重组和控制的机器。其结果必然导致人类至上的人类沙文主义。而且,将生态系统中各个要素割裂开来进行认识,忽略各种要素间的相互关系和联系,导致了认识上的片面性和局限性,由此引致了人类在利用自然和维护自然方面出现了较大的偏差,产生了严重的生态危机。

维持人类社会的长久可持续发展是人类奋斗的目标。要实现这一目标,则必须建立人与自然和谐的发展观。形成人—自然复合系统的一体化认识观,既将人的活动纳入生态系统的规律之中,也将生态规律纳入社会经济活动之中，形成相辅相成的和谐一体的有机系统。只有如此，才能扬弃传统人类中心主义的价值观，重新认识人与自然间的关系，特别是对自然价值与权利的新认知。只有在整体观的认识论指导下，承认自然的价值，重新定位人类自身的行为方式，改造不合时宜的旧有价值与权利的评判标准，科学而理智地使用自己的权利，使得人能够自主、自觉地承担必要的责任和义务，实现人类与资源、环境的持续存在与发展。从这些观念中可以看出，现代生态价值观核心伦理内涵是根据现代生态学的观点赋予了自然与人相等同的权利与地位，是一种"人类—自然协调主义"。

（二）树立共生共赢的目标观

把自然生态系统纳入到人类实践的自觉规划中，使其在与人类实践的其他领域相辅相成、相互交融的过程中，发展成为人类社会结构中与政治、经济、文化相并列的第四领域。

追求生产发展，生活富裕，生态良好。实现观念的转变，从一味追求GDP，到思考要环境还是要发展，到意识到环境和发展的平衡，再到提出寓环境保护于发展之中的环境与发展的融合，使经济社会发展的活动必须遵循生态规律，确保人与自然和谐相处，构建资源节约型、环境友好型社会。建立节约资源能源和环境友好的生产模式、消费模式和技术模式，将生态环境的重要性提高到"文明"的高度，贯穿到意识、价值观乃至文化之中。其目的是实现人类社会的发展与生态环境的稳定性间达到平衡，目标是二者的共生共赢。

（三）树立整体性的生态道德观

传统伦理道德只注意到了人对社会的依赖，忽视人对自然的依赖。实现人口、资源与环境的协调发展应是生态价值观的核心，是对人类生存的社会性和对自然的依赖性的双重关照。不仅需要制度、政策的改变，还需要法律的约束，而更重要、更深入持久的是要运用道德和意识的约束力，依靠扎根于内在的信念和社会舆论的作用，运用道德的规范来调节人们的日常行为，以人类发自内心的自觉行为来保证人与环境的协调发展。这也正是建构生态道德的核心意义之所在，摒弃单纯从人类自身利益出发的道德规范。

二、关联性的系统论

（一）重视要素间的关联性

自然科学的研究表明，生态系统中诸要素间存在有机的相互联系和相互作用，忽视这种联系与作用必然导致系统的失衡。工业革命以来的自然观恰恰忽视这种联系与作用，或对这种关系重视不够、认识不清，因而将自然界中的事物孤立起来进行认识和利用。在生态文明越来越得到认同的今天，重视生态系统要素间的关联性是现代生态价值观的重要方面。第一，重视人类活动与自然规律关联性，在利用各种生态要素的过程中，首先将其纳入人—自然复合系统的整体系统中考察与其他要素间的关系，以维持其既有的自然有机联系或建立可持续的关联关系为出发点对其进行利用。第二，按照系统的方法和生态系统的规律建立循环经济系统，改变仅追求物质生产第一的行为观。第三，对于任何生态系统中关键资源的利用，必须进行系统性的评估，将对生态的干扰降到最低程度。

（二）重视局域与局域的关联性

将环境的域外性与域内性统一，纳入人类活动的统一评价体系之中，纳入生态系统的整体性之中，防止人为将生态系统割裂的倾向。第一，一个区域的社会经济活动，必须考察其对相关区域产生的可能影响，并将这种考察变为自觉的行动。第二，全球污染性产业的转移必须从全球的生态系统角度进行考察，确定合理的行动方案，改变局域性利益至上的行为观念。第三，建立各类生态系统有机联系的管理观念，杜绝片面强调某一生态系统功能的倾向。

（三）重视经济与生态的关联性

如前所述，经济的发展与生态规律间呈现出渐行渐远的倾向。这种倾向会将经济的发展置于生态环境的约束之外，或将解决生态环境问题置于技术依赖的信念之下，会导致生态环境与经济发展矛盾的进一步尖锐。所以，在整体性的认识论下，将经济发展与生态规律有机关联起来，是解决经济发展与环境间矛盾的可行途径。第一，将经济的负外部性与经济系统管理结合起来，构建符合生态环境要求的经济系统。第二，按照科学的生态理念重构目前的经济发展理念。第三，将生态的约束纳入经济系统之中。

三、经济上的循环论

（一）坚持经济—生态双重目标

现代生态价值观在经济发展方面要求必须由单纯追求经济目标向追求经济—生态双重目标转变；从现代科学技术的整体性出发，以人类与生物圈的共存为价值取向发展生产力，资源的正确配置与综合利用必须在宏观、微观经济活动中落实；必须摆脱为增长而增长的发展模式，走可持续发展的道路，从而建立生态化的生产力和生产方式以及生态经济新秩序。生态—经济协调发展的本质是经济发展与合理利用自然资源相适应，与保护生态平衡相适应，与劳动力数量和质量相适应。

（二）坚持循环经济的发展理念

循环经济主要是指在社会生产、流通、消费和产生废物的各个环节循环利用能源，发展资源回收利用产业，以提高资源的利用率。这是一种体现现代生态价值观的有别于传统经济的新的经济形态。传统经济发展是一个从资源到废物的线形开环系统，表现出高开发、低利用、高排放的特征。而循环经济是按照自然生态物质循环方式的经济运行模式，它要求用生态学规律来指导人类社会的经济活动，强调构筑"资源食物链"，对废弃物进行回收利用、无害化及再生的方式，达到资源的节约利用，促进社会经济的可持续发展，表现出低开发、高利用、低排放的特征，在生产和消费过程中形成一个"资源→产品→再生资源"的物质循环过程。

国内外的学者和专家根据企业的实践总结提出了工业生态学（原文是Industrial Ecology，国内有人翻译为生态工业或产业生态），并成为循环经济发展的指导理念。工业生态学的概念，是美国通用汽车公司研究部当时的副总裁罗伯特·弗洛什（Robert Frosch）于1989年在《科学美国人》发表的"加工业的战略"一文中第一次提出。1997年，斯坦福和耶鲁大学联合办了一份《工业生态学》杂志，探讨其理论与实践。其基本做法是将生态学的理论和方法，用到工业生产体系的设计中，将工业生产过程类比成生态系统中的一个封闭体系。其中一个环节产生的"废物"或副产品，成为另一个环节的"营养物"或原料。这样，彼此相近的工业企业就可以形成一个相互依存、类似于自然生态中食物链的"工业生态系统"。当然，从目前的实现程度看，相对于自然生态系统而言，工业生态系统中的类比概念还是比较简单而低级的。在现有技术经济条件下，工业生态系统还难以达到自然生态系统的循环共生程度。尽管如此，按照工业生态学中"工业共生""工业代谢"的概念，来设计企业之间的"生态"联系，还是体现了可持续发展中生态效率原则的精髓。1992年，世界可持续发展工商理事会（WBCSD）向联合国环发大会提交的一份报告《改变航向：一个关于发展与环境的全球商业观点》中，最先提出生态效率的概念，就是"既要提供价格上有竞争优势的产品或服务，以满足人类的基本需求，提高生活质量，又要逐步降低对生态的影响和资源消耗强度，使之与地球大概的承载能力相一致"。用通俗的话说，生态效率有两层含义：其一，在资源投入不增加甚至减少的条件下实现经济增长。其二，在经济产出不变甚至增加的条件下，向环境排放的废弃物大大减少。

（三）倡导绿色经济

绿色经济（Green Economy）概念最早是由英国环境经济学家 Pearce 于 1989 年在其著作《绿色经济蓝图》一书中提出的，从社会及其生态条件出发建立起来的"可承受的经济"。国际绿色经济协会给出的绿色经济定义为：以实现经济发展、社会进步并保护环境为方向，以产业经济的低碳发展、绿色发展、循环发展为基础，以资源节约、环境友好与经济增长成正比的可持续发展为表现形式，以提高人类福祉、引导人类社会形态由"工业文明"向"生态文明"转型为目标的经济发展模式。[①] 绿色经济是以市场为导向、以传统产业经济为基础、以经济与环境的和谐为目的而发展起来的一种新的经济形式，是产业经济为适应人类环保与健康需要而产生并表现出来的一种发展状态（百度词条）。

第一，以资源投入最小化为目标。最大限度地减少对不可再生资源的耗竭性开采与利用，并应用替代性的可再生资源，以期尽可能地减少进入生产、消费过程的物质流和能源流，对废弃物的产生和排放实行总量控制。在生产中，生产者可以通过减少每个产品的原料使用量，通过重新设计制造工艺来节约资源和减少排放。对消费群体（消费者）而言，应通过优先选购包装简易、循环耐用的产品，以减少废弃物的产生。第二，以废弃物利用最大化为目标的再循环原则。该原则属于过程性方法，目的是延长产品和服务的时间。也就是说，尽可能多次或多种方式地使用物品，避免物品过早地成为垃圾。针对产业链的中间环节，对制造商（生产者）而言，应采取产业体间的精密分工和高效协作，使产品—废弃物的转化周期加大，实现资源产品的

---

① 郑德凤、臧正、孙才志：《绿色经济、绿色发展及绿色转型研究综述》，载《生态经济》，2015 年第 2 期，第 64－68 页。

使用效率最大化；对消费群消费而言，应采取过程延续方法，最大可能地增加产品使用方式和次数，有效延长产品和服务的时间。第三，以污染排放最小化为目标。针对产业链的输出端之一——废弃物，提高绿色工业技术水平，通过对废弃物的多次回收利用，实现废弃物多级资源化和资源的闭合式良性循环，实现废弃物的最少排放；发展低碳经济以减少温室气体排放。第四，以生态经济系统最优化为目标。针对产业链的全过程，通过对产业结构的重组与转型，达到系统的整体最优。以环境友好的方式利用自然资源并提升环境容量，实现经济体系向提供高质量产品和功能性服务的生态化方向转型，力求生态经济系统在环境与经济综合效益最优化的前提下，实现可持续发展。

四、资源利用的俭约论

（一）承认资源的有限性和价值的多重性

人类赖以生存的土地、水资源、能源、森林等资源是有限的，即使是生态系统中所有的资源完全被人类所利用，其所能供养的人口、承载的人类活动也是有限的。人类必须承认这种有限性，以此来规范自身的行为。但是，在我们现实的经济活动中，只承认资源的稀缺性，而不承认资源的有限性：相信资源不会耗尽，因为当它稀缺时，市场的高价格会保护它，通过技术进步会找到替代品，而且，植物、动物以及自然对象作为资源对人类是有价值的。

自然资源具备四种价值：一是自然资源的存在价值（含潜在价值），即以天然方式存在时表现的价值，实质上就是一种生态领域的价值。在生命支持能力的意义上，其受益者是全体事物集体。二是自然资源的经济价值。三是自然资源的生态价值。四是自然资源的文化价值。

生态价值观在承认资源有限性的基础上，将引导人类的活动。第一，引导人类按照资源有限性的原则安排社会经济活动。第二，引导人类追求合理的经济规模和人口规模，使生态承载和人类活动达到基本平衡。第三，限制资源的开发。

（二）节俭有效地利用资源并善待资源

第一，资源的利用应是为生活质量服务，而不是消费主义倡导的经济生活标准服务。第二，生产和消费以满足人类的基本需求为目标，而不是以满足人类的无限需求为动力。第三，所实施的经济、技术、法律和教育体制以倡导资源利用的最小化为出发点。第四，利用可持续的理念保护和利用资源。

（三）以资源的可持续利用和节约利用为目的

第一，将人类的活动控制在生态的合理负荷之内。对于可再生资源的利用，必须将利用量控制在自然更新的允许范围内。尤其是对森林资源、其他植物资源、动物资源、海洋资源的利用，必须以这些资源自然更新允许的限度为约束，使其可持续利用；对不可再生资源节约性利用。第二，坚持资源的重复利用。如对于水资源，必须遵循重复利用的基本原则，减少对生态环境的干扰。第三，建立能量消耗的合理规模，达到能量的供需平衡。第三，开发可替代的资源利用方式。

五、关系维系的协调论

（一）树立人向生态环境协调的观念

工业文明以来，人类的价值观念始终强调的是自然向人类协调的理念，即改造自然使其符合人的需求，以满足人类不断增长的物质欲望。虽然现代生态价值观指导下形成的生态文明与农业文明、工业文明具有相同点，那就是它们都主张在改造自然的过程中发展物质生产力，不断提高人的物质生活水平。但它们存在明显的不同点，即在现代生态价值观指导下形成的生态文明遵循的是可持续发展的原则，它要求人们在更高层次向生态环境协调。它以尊重和维护生态环境价值和秩序为主旨，以人—自然复合系统可持续发展为指导，以人类的可持续发展为着眼点。强调在开发利用自然的过程中，人类必须树立人与自然的平等观，从维护社会、经济、自然系统的整体利益出发，在发展经济的过程中，既要慎重对待资源问题，科学制定资源开发战略，又要坚持生态原则，讲求生态效益，在保护生态环境的前提下发展，在发展的基础上改善生态环境，实现人类与自然的协调发展。"生态文明既强调对自然权利的维护，致力于恢复包括人类在内的生态系统的动态平衡，又强调用整体、协调的原则和机制来重新调节社会的生产关系、生活方式、生态观念和生态秩序，从对立型、征服型、污染型、破坏型向和睦型、协调型、恢复型、建设型转变的生态轨迹。"①

表 4 - 2　传统生态价值观与现代生态价值观的异同比较

项目		传统生态价值观	现代生态价值观
认识论异同	人与自然	主客二元论	整体论
	人的地位	主体	主体
	人与自然关系	对立	协调

---

① 李英：《生态文明建设：全面建设小康社会的新举措》，载《辽宁党校报》，2004 年 4 月 5 日。

续表

项目		传统生态价值观	现代生态价值观
关联性认识	要素与要素	孤立地认识与利用	重视要素间的有机联系
	局域与局域	强调局部利益	强调局域间的协同
	经济与生态	生态服务经济	经济与生态的协调
经济行为	经济目标	经济利益	生态—经济效益
	经济生产方式	线形开发系统	循环经济
	生产理念	产品导向	绿色经济导向
	消费理念	无约束	绿色与有限消费
资源利用	资源观	资源无限	资源有限
	资源价值	资源的经济价值	资源价值的多重性
	资源利用	单一利用方式	循环利用
	资源利用的经济理念	资源的稀缺性	资源的可持续利用
	资源利用原则	无约束	俭约利用
生态环境意识	环境容量	无限	有限
	生态承载	无意识	有限
	环境问题治理	依赖技术与措施	追求治本
人类自身建设	人类再生产	无约束	追求合理再生产
	价值理念	自我价值彰显	人—自然复合价值
	欲望	无约束	有约束

(二) 树立经济、社会与生态环境协调的发展观

将经济活动置于社会—经济—自然复合系统中进行考量是现代生态价值观之经济发展观。这一经济发展观强调：第一，从人—自然复合系统的整体性认识经济活动。经济活动既是社会系统的有机组成部分，也是生态系统的有机组成部分。第二，经济发展在满足人类社会的需求的同时，也必须符合人类赖以生存的自然生态系统的基本规律。第三，经济活动在追求经济价值与目标的同时，也必须遵循自然生态系统的内在价值和长远目标。第四，经济发展的规模应与自然生态系统的有效承载保持一致。第五，局部区域的经济活动以不应导致其他区域的生态环境恶化为原则，即经济的负外部性应得到有效控制。

这一发展观与传统生态价值观下的经济发展观具有显著的区别。第一，传统的经济发展观将经济发展与生态环境保护割裂开来，认为二者是矛盾的和相互冲突的。第二，传统的经济发展观只注重经济的增长，而忽视经济发展增长与环境间的关系。第三，传统经济发展观只重视经济系统内部的有效性，而忽视经济发展的外部性，尤其是不重视经济发展破坏生态的外部性。第四，传统经济发展只重视经济发展的经济价值实现，而忽视对生态系统价值的尊重。

第三节　现代生态价值观的行为准则

一、理性回归适应自然的主线

（一）遵循自然规律，关注自然生态的脆弱性

应从"人—社会—自然"复合系统的哲学视角，将"人"置于自然系统之中，建立相互联系、相互作用不可分割的整体。在此基础上，建立起适应自然、遵循自然规律的理念和行为准则，改变"主宰"自然的绝对"人类中心主义"世界观。同时，我们必须认识到自然生态的脆弱性，维护生态的稳定性是整个人类的责任和义务，我们必须谨小慎微，呵护我们长久的家园。

（二）承认自然承载的有限性

增长的极限主题表明，自然生态系统具有一个有限的承载能力，它根本不能支持一个增长中的人口的所有要求。那种认为"资源无穷尽、环境承载无穷尽"的观点和经济学准则必须得到改变。

（三）承认并保护生物多样性

如果将人类的"自我实现"为最高的准则，则也必须建立在"普遍的共生"基础之上。"活着，让他者也活着（Live and Let Live）"，即尊重地球上的所有生命群体、形式和过程。挪威学者阿恩·奈斯阐述了深层生态学的八点主张，其中"除非满足基本需要，人类无权减少生命形态的丰富性和多样性"，"当代人过分干涉非人类世界（必须得到遏制）"①。

（四）严格控制人口数量

大自然作为一个有机的系统，其空间容量和资源环境承载力毕竟是有限的，对人口数量的容纳力是有限的。过度的人口增长，将构成破坏自然的潜在因素。因此，限制人口的过快增长应是人类的共同责任。

（五）转变过分依赖技术手段的观念

自然科学的发展和技术的发明，使人类在处理与自然的关系中，过分依赖于技术手段，认为我们对生态破坏可以随着技术的进步、技术的投入和资金的投入就能解决。这虽然有其合理性，但不能助长我们过分依赖技术解决问题的意识，因为技术手段是有限的，其受制于人的认识在一定情况下的局限性，在解决问题方面是机械论的。而自然界是一个相互关联的有机整体，仅靠机械论的方法不能解决所有问题，尤其是环境问题。所以，必须从理念上加以改变。

---

① 杨通进、高予远：《现代文明的生态转向》，重庆出版社 2007 年版。

二、采取适度的规模与技术改造和利用自然

（一）适度的技术

现代汉语词典解释，所谓技术，是指人类在认识自然和利用自然过程中积累起来并在生产劳动中体现出来的经验和知识，也泛指其他操作方面的技巧。科技进步与技术创新是经济和社会发展的动力。技术功能是人对自然界有目的性的变革，根本作用在于把天然自然转变为人工自然。由于我们有限的认识和机械论、二元论的认识论，人类对自然的认识在不断深化的过程中，有些规律还不能把握。所以，我们在改造自然的过程中，应在技术上遵循理智谨慎的态度。

倡导绿色科技。所谓绿色科技是以保护人体健康和人类赖以生存的环境，促进经济可持续发展为核心内容的所有科技活动的总称。以绿色科技为引领，构建高效、清洁、低碳、循环的绿色制造体系，促进生产与消费低碳化、循环化和节约化，提高资源利用效率。

（二）适度的经济规模

建立与生态系统相关的整个经济的最佳规模，是使我们到达理想彼岸的前提。因此，我们必须以生态学的基本规律设计出类似于负载线标志的经济规模即经济负载——以防止经济的无限膨胀，沉没我们的生态方舟。西方学者认为，由于生态净化能力有限、资源短缺，人类只能实现"稳态经济"——一个人口和商品库存维持在恒定水平、物质和能量的流通率最小的经济，维持（人类的）持续存在。

三、以适当行为方式促进人类社会的可持续发展

（一）循环经济

发展循环经济是建设资源节约型、环境友好型社会的重要途径，也是转变经济增长方式，实现社会可持续发展的必然选择。应从减量化、再利用、资源化、无害化以及体制机制等方面，构建循环经济发展观。即以生态学规律来指导人类社会的经济活动，构筑"资源食物链"，对废弃物进行回收利用、无害化处理和再利用，达到资源的可持续利用，促进社会经济的可持续发展；达到低开发、高利用、低排放的目标；实现"资源→产品→再生资源"的物质循环过程。

（二）绿色生活方式

选择绿色生活应成为一种时尚。反对浪费、对环境友好、追求简朴、回归自然是绿色生活方式的基本元素。

（三）善待他者

人类只是大地的居住者，使用资源以满足基本需要。如果人类的非基本需要与非人类的基本存在的基本需要发生冲突，那么人类的非基本需要就应放在后位。

（四）理性增长

二战结束后，在西方国家兴起的"发展主义"把发展归结为经济增长，认为工业现代化是一个国家或地区经济活动的基本内容，经济增长是一个国家或地区发展状况的基本标志，国内生产总值是衡量一个国家或地区发展水平的基本尺度，并主张在实践中通过尽量使用技术、控制自然，甚至牺牲生态环境来提高效率，加速现代化进程。尽管这种发展观对促进经济增长、迅速积累财富起到了很大的推进作用，但也造成了生态环境的严重破坏，带来

了一系列社会环境问题，直至威胁到人类生存的基本条件。理性增长就应当摆脱这种"发展主义"发展观的影响，尊重和顺应基本的生态规律，正确处理经济增长和全面发展的关系，把发展建立在有效保护和不断改善生态环境的基础上，做到人与自然和谐共处，经济、社会和人全面、协调、可持续发展。

四、以适量的标准规范人类的消费行为

(一) 适量的资源占用

应尊重自然规律，充分考虑资源、环境的承载能力，保护生态环境，保证人类一代接一代地持续发展。土地、水源、森林、矿产等自然资源是有限的，有些是不可再生的。对这些资源开发利用的过程中，以满足人类的基本消费为出发点，必须秉承节约、集约和适量利用的原则。

(二) 适量的理性消费

确立资源节约型和环境友好型的生活方式和消费模式，坚持适量的物质消费和多方面的精神文化消费的合理结合，杜绝盲目消费和过度消费。

经过工业革命以来的发展，西方发达国家的过度消费已经成为普遍现象，形成了非理性倾向。有关资料表明，近30年来，人类消耗了地球上1/3的可利用资源，而人类对资源的需求还在以每年1.5%的速度增长着。以美国为例，其以不足世界人口5%，消费掉全球25%的商业资源，排放出全球25%的温室气体。每个人的资源消耗量相当于3个日本人、6个墨西哥人、12个中国人、33个印度人、422个埃塞俄比亚人和1147个孟加拉人，其婴儿的能源消耗量则相当于第三世界国家婴儿的30－40倍。[1] 在西方所谓的文

---

① http://www.lantianyu.net/pdf49/ts062030_8.htm。

明诱惑下，人类的非理性消费有愈演愈烈之势。人类活动已经造成了对地球环境不可逆转的影响，地球环境系统越来越脆弱，如此下去，地球最终很有可能被人类的贪婪和欲望毁灭，所以，倡导理性消费，必须从文明本质上加以反思和评判。

五、遵循自然规律适时调整人与自然的关系

（一）适应自然界的季节规律

自然生态系统是一个动态的系统，有其自身的运行规律，我们在利用自然资源和处理人与自然的关系是，应遵循自然界的运行规律，建立适时的行为模式和准则。孔子说："天何言哉，四时行焉，万物生焉，天何言哉"，明确肯定了自然界的生命意义和运行规律。古代思想家荀子强调对自然界的开发利用要"适时"而"有节"，提出"以时顺修"，"养山林、薮泽、草木、龟鱼、百索，以时禁发，使国家足用，而财物不屈"，体现了顺应自然的思想。现代社会在遵循自然界的季节性规律方面也有一系列明确的规定，如我国实施的"禁渔期"和禁渔区就是最好的例证。

（二）适应自然界中生命周期规律

自然界生态系统中的物质，尤其是生物的生产，有其固定的生命周期规律，人类在对其开发、利用和保护过程中，应遵循这些规律。即使不可再生的资源，其积累也有一定的生命周期。所以，对其开发也应符合生命周期理论。

（三）建立资源利用的时间秩序

可持续发展的基本理念之一就是强调代际公平，其实质是主张资源的利用应有一个合理的时间秩序。这一主张是现代生态价值观的基本内容之一。如何建立时间秩序？本文认为，应重点体现下列几点：第一，改变人类利用

自然资源的短期行为，建立长远的利用机制。第二，建立按代际分配自然福利的生态伦理准则。第三，倡导人类与其他生命共享自然福利并保障所有生命均能得到延续的理念。第四，建立空间与时间相统一调整资源利用方式和程度的准则。

第五章　生态价值观与生态型经济

生态经济学把人类经济活动建立在生态伦理基础之上，将经济活动上升到"文明"的高度探索其发展的哲学基础、理论、模式和制度环境，这标志着人类发展观的转变，也预示着生态价值观的转变，从而使它所提倡的生态经济形态具有更多的意义和价值，越来越引起人类社会的重视。生态经济形态超越了农业经济时代的人类在经济活动中被动地适应和服从自然环境的传统，也超越了工业经济时代的人类在经济活动中盲目掠夺和破坏自然环境的经济思想传统和经济实践传统，要求当代人类通过主动、自觉地协调经济与环境的关系来实现经济、社会和环境的全面可持续发展。

第一节　经济行为的生态价值观

一、生态经济体现的价值观

（一）生态经济的概念

综合哲学、经济学、生态学、管理学等学科的研究成果，关于生态经济的概念，存在以下定义：

（1）生态经济就是以人与自然和谐共处、共生共荣、共同发展为原则，以遵循自然生态系统和社会系统的科学规律为宗旨，以实现生态、经济、社会可持续发展为目标的经济发展模式。

（2）生态经济，就是把经济发展建立在生态环境可承受的基础之上，在保证自然再生产的前提下扩大经济的再生产，从而实现经济发展和生态保护的"双赢"，建立经济、社会、自然良性循环的复合型生态—经济系统。

（3）生态经济是一个系统过程，是建立在经济—社会—自然复合型生态系统良性循环基础上的经济过程，是一种可持续发展的经济。生态经济以经济与生态的协调为基本宗旨，而不是强调生态为经济系统服务。生态经济强调经济发展与生态环境保护相结合，经济发展严格遵循自然客观规律，经济发展模式和政策的形成，以生态原理建立的框架为基础；自然资源的利用目标是促进经济发展的"有效"和最大化，遵循节约、集约、循环、最小、最佳利用的原则，实现经济效益、社会效益、生态效益的可持续发展和高度统一。

（4）生态经济是指在一定区域内，以生态环境建设和社会经济发展为核心，遵循生态学原理和经济规律，把区域内生态建设、环境保护、自然资源的合理利用、生态的恢复与该区域社会经济发展及城乡建设有机结合起来，通过统一规划，综合建设，培育天蓝、水清、地绿、景美的生态景观，诱导整体、和谐、开放、文明的生态文化，孵化高效、低耗的生态产业，建立人与自然和谐共处的生态社区，实现经济效益、社会效益、生态效益的可持续发展和高度统一。

（5）结合上述定义，本文认为，生态经济是以建立经济、社会、自然良性循环的复合型生态系统为目标，以经济效益、社会效益、生态效益的高度统一为原则，遵循生态学原理和经济规律的经济发展模式。

（二）生态经济的基本特征

从上述定义中可以看出，生态经济的基本内涵是一致的，即生态—经济的和谐。因此，生态经济体现的特点包括下列几方面。

（1）生态经济具有兼容性。以生态安全性与经济有效性相互兼容为首要特征。在生态经济过程中，生态系统功能和特征持续存在并保持持续的自然生产能力。同时，经济上注重发展的"有效"和最大化。提倡资源节约与集约利用——提倡节约，反对滥用；提倡集约，反对粗放经营；提倡利用可再生资源，反对消耗化石资源，以期实现经济效益、社会效益和生态效益的统一。

（2）生态经济具有相对性。首先，无论是理念上，还是实践上，人类对生态经济的理解是受文明进步程度限制的，我们目前对生态经济的理解，是与我们对自然界的认识程度密切相关的。所以，从历史的发展进程看，生态经济的经济内涵是不断变化的，即存在时间动态的相对性。其次，生态—经济协调是以一定的科学技术手段为支撑的，而科学技术水平是发展的，不断跃进的。所以，一个时期定义的生态经济在另一个时期不一定完全适用，即存在工具相对性。再次，不同生态环境中的人类群体，对人与自然关系的理解存在差异性，因而其所理解的生态经济也存在差异，即生态经济在空间上存在相对性。

（3）系统的适应性。生态—经济强调人与自然复合系统的平衡，即经济发展与合理利用自然资源相适应，与保护生态平衡相适应，与环境的承载相适应，以对生态环境的影响最小为原则。

（三）生态经济体现的基本价值观

（1）"和谐"与"协调"的发展观。从哲学层面看，自然界的生态系统和人类的经济系统是一个不可分的整体，人类社会的一切经济实践活动都是在一定的生态系统中进行的，因此，生态系统与经济系统相互作用、相互交织、相互渗透而构成了具有一定结构功能的复合系统是生态经济的客观存在的实体。生态经济要求人们转变传统的以人类为中心、把自然作为人类征服对象的观念，树立起"和谐"与"协调"为主要内涵的发展观，全面转换人们的行为方式，包括生产方式和生活方式。这种发展观，是对传统发展观的重构。具体的和谐与协调观体现在：经济系统与生态系统协调，而不是相互的分离或对立，是对工业文明以来人类发展观的修正；经济效益与生态效益的统筹，在传统经济活动中追求经济效益，而忽视了特别重要的生态效益，导致了生态危机。生态经济以经济效益与生态效益的协调统筹为基本原则。

（2）经济发展与生态的平衡观。生态经济平衡就是指在生态经济系统的运行中，各种生态经济要素协同发展，结构有序，功能协调，生态平衡和经济发展有机结合所形成的相对稳定的动态平衡状态。传统发展观存在经济增长过程中对资源需求的无限性与自然生态系统供给能力的有限性之间的矛盾，当资源的损耗和废物的积累超过了一定限度（生态系统允许的阈值），就打破了生态平衡，直接导致生态系统的严重退化。这种矛盾很可能形成经济发展的恶性循环。正确地认识和处理经济发展与生态平衡之间的矛盾，使经济发展与生态平衡在对立中走向统一，是生态经济的灵魂。达到经济和生态的和谐就是在实践中使经济发展与生态平衡不断地协调统一起来，使生态系统的动态平衡与经济系统的持续稳定发展同时得以实现。

人类的目标既不是任意一种形式和水平的生态平衡与经济发展的统一，也不是单纯从最优的经济目标出发或单纯从最优的生态目标出发的生态平衡与经济发展的统一，而是特定自然环境与社会条件下寻求使经济发展与生态平衡都达到满意的生态经济平衡。

（3）经济价值与生态价值的辩证统一观。工业文明以来，人类形成了追求经济价值的强烈意识，沿着不可持续发展的道路越走越远。生态经济的价值观强调保护环境，努力提高自然界的生态价值，目的是要促使自然环境更加适合生物生存；人类从自然界摄取一定能量和资源发展经济，目的也是给人类提供更多的物质享受，使人类生活得更美好，二者在价值观上是统一的。

（4）经济增长方式的绿色化。即通过技术的进步和生产的有效组织，遵循"减量化、再利用、资源化、无害化"的生产方式和经济增长方式，摒弃传统经济发展模式下的高投入、高物耗、低产出、高污染的经济增长模式。

二、生态经济与传统经济的差别

（一）发展意识的差异

发展是人类永恒的主题，但如何发展，其发展模式在各不同的社会及不同的历史时期是不相同的。传统经济在处理发展与环境之间的关系时，采取的是对立性的思维模式，而不是"协调性"思维模式。将经济发展与生态环境变化对立起来，孤立地看待经济系统中的问题和生态环境系统中的问题。在这种意识的指导下，处理二者间的关系往往实施两种极端的方式。一是以牺牲生态环境为代价换取发展，认为环境变化是经济发展的一个限制因素，强调环境保护就会限制经济的发展，影响人类"福利"水平的提高。因此，以往的发展经验的启示是——牺牲环境换取发展是一个阶段的必然选择，成为一种"真理"性的认识。另一种方式是以牺牲经济发展来保护自然环境，所谓的"零增长"甚至是负增长，如环境主义者和自然主义者就是这样主张的。从全球范围看，发达国家在与发展中国家的谈判中，也多持这种意识。发展是人类的根本利益之所在，牺牲发展搞纯保护或消极的保护也是不可行的，且有发达国家对发展中国家不公平问题。

生态经济在处理发展与环境之间的关系时，采取的是协调性的思维模式，将经济发展与生态环境在生态学原理和经济规律的基础上结合起来，从人与自然复合系统的角度看待经济系统中的问题和生态环境系统中的问题。经济发展满足双重需求,即人类的发展需求和生态的稳定性需求,就是把经济发展建立在生态环境可承受的基础之上。在保证自然生态系统稳定性的前提下扩大经济的再生产,即在技术进步和人类需求无限增长刺激下导致经济无限扩大的背景下,加上生态的"极限"约束和"功能"约束,从而实现经济发展和生态保护的"双赢",建立经济、社会、自然良性循环的复合型生态系统。

(二) 发展模式的区别

从微观层面看,传统经济的发展模式以企业和单一资源的利用为基本特征,强调个体利益的最大化,生态环境是企业的外部性约束。而生态经济采取的是循环经济的发展模式,强调生产、流通、消费和产生废物的各个环节循环利用资源,发展资源回收利用产业,以提高资源的利用率。是一种有别于传统经济的新的经济形态。

从宏观层面看,传统经济活动中追求经济效益,而忽视了特别重要的生态效益,即使重视生态效益,也将生态效益作为间接的经济效益,因为生态效益的获得或消耗不是通过市场的直接交换表现出来,而是间接地表现在社会长远经济效益方面。传统经济效益观割裂了生态经济这一复合系统的必然要求。生态经济强调经济效益和生态效益在经济活动中的有机统一,将社会财富的增加、人民生活水平的提高、生态环境质量的改善统一到经济发展模式中,即生产、生活、生态"三生指标"体系作为衡量一个国家经济发展和社会进步的重要标准,只有取得最佳的生态经济效益才真正体现了社会生产和再生产的本质规律。

(三) 自然伦理观的区别

传统经济学的"生产力"即是人类改造自然与征服自然的能力。在这样的概念中,人类是自然的对立面,自然是被征服的对象,因此它必须服从于人类的意志，任由人类取舍和宰割，人类成了至高无上的主宰。在这样的自然哲学指导下，人们的行为就必然产生割裂或破坏经济发展与自然环境之间的内在关系，就必然导致危及人类自身的生存环境的最终结果。

生态经济把有利于环境改善和资源节约作为其质的规定性，这也就把人与自然的关系纳入了经济学的研究范围，把人们的经济活动置于人类生态系统中，把经济系统作为人类生态系统的子系统来看待。作为子系统，它受到大系统的制约，它必须与大系统中的其他子系统保持和谐的关系，尤其是必须与自然生态系统保持和谐的关系。在生态经济模式中，生产力是人类与自然和谐共处、共同发展的能力。这样的自然伦理观念客观地反映了社会经济活动不能离开自然而孤立地发展的事实。在这样的自然哲学指导下，人类必须善待自然，而且经济也只能在与自然的和谐共处中才能得到发展。

（四）生产要素含义的理解不同

传统经济模式中的生产要素只是资本品，即投入了资本从市场上购买来的生产资料和人力，才算是生产要素。除此以外，进入生产过程的其他公共资源，包括自然物质和环境，都不是生产要素，而生态经济作为可持续发展的具体形式，是以人与自然的和谐、协调发展为目标的。这样，一切自然资源和生态环境都应该作为经济发展的"资本"来考虑，因此生态经济的发展实际上是以物质资本、人力资本和生态资本这三种资本的可持续性为内容的发展。那些存在于自然界，可用于人类社会活动的自然物质或人造自然物质，主要包括自然资源总量、环境自净能力、生态潜力、环境质量、生态系统整体效用等内容，对于经济发展来说都是至关重要的，它们都应当被纳入生产的必不可少的要素的范围。

（五）评价标准不同

传统经济模式以资本品为生产要素，那么对其微观经济的最主要的评价指标就必然是资本投资效率；而对于个别资本总和的社会总资本而言，宏观经济的评价指标也主要是 GDP 或 GNP、总量规模及增长速度等。至于这个总量和规模耗费了多少非资本品，则不加计量和评价。生态经济则不同，它关注自然与环境，强调的是有利于自然环境的发展，因而它需要的是一整套全新的评价指标。重要的是首先需要把自然资源与环境纳入经济发展的考核指标内，对生产过程中消耗的资源，以及生产过程对环境的影响等状况，都需要进行考核和评价。因此，有的学者提出了绿色 GDP 的概念。

（六）人的作用不同

传统经济学是以"经济人"的假定为前提的。古典经济学是以"经济人"为其理论前提的，这里的"经济人"是追求个人利益最大化的个人；后来的效用学派和福利经济学派进行了一定的修正：以"福利的最大化"来取代"利益的最大化"。

传统经济学中的"经济人"的假定需要由社会人和自然人来补充。生态经济是把经济活动和经济系统置于人—自然复合系统中，在这一系统中，人不仅是经济人，而且是社会人和自然人，使人成为自然人、经济人和社会人的统一。尤其是不能忘记人首先是自然人，作为自然人，他只是自然生态系统中的一分子，他的一切活动都不能破坏他所在的系统的结构和功能，破坏了他所赖以生存的系统，就是毁了他自己。而作为社会人，他是这一系统中唯一具有思维能力的主体，是系统中的唯一的一个有主观意识的生态要素。因此，人是唯一的一个有能力对这一系统、对自然负责的主体，是一个有能力用自己的行为去影响自然环境，起积极主动和主导作用的主体。可见，人类对他们生活及活动在其中的自然界负有不可推卸的责任。生态经济模式就是人类能够引导自然环境向好的方向发展的现实模式。①

---

① 廖福霖：《生态文明建设理论与实践》，中国林业出版社 2001 年版。

三、生态经济与生态文明

（一）生态经济是生态文明的体现与标志

生态文明是一场涉及生产方式、生活方式和价值观念的世界性革命，是人类文明的更高准则，是社会进步的最高象征。这种文明形态表现在物质、精神、政治等各个领域，体现在社会、经济、文化等各个行业。而经济活动是人类社会的最主要活动，也是与生态环境联系最密切的活动。因此，只有人类的经济行为符合生态文明的原则和标准，生态文明才能从理念变为行动，从理想变为现实，从理论转变为实践。所以，生态经济是人类社会从工业文明彻底走向生态文明的具体体现和标志。

（二）生态经济是经济行为的生态价值观具体体现

生态经济的观念是系统地实施经济行为价值观生态转向的重要标志。人类走过了原始狩猎文明、农业文明、工业文明、后工业文明，目前正在进入生态文明阶段。农业文明基本解决了"吃饱穿暖"问题，工业文明则在很大程度上解决了"居适行捷"问题，后工业文明或者信息革命带来的是人类传递信息的便捷性，即进入"信息爆炸"时代。然而，工业文明以及近代人类技术能力进步所造成的负面影响也达到了前所未有的程度。突出表现在，全球气候变暖、生物多样性下降、荒漠化加剧、臭氧层消失、环境污染、贫富差距不断扩大。上述事实证明，人类要在地球上继续生存下去，必须考虑以生态文明为主导的经济发展与消费方式。

生态文明的建设必须从思想意识上实现三大转变：必须从传统的"向自然宣战""征服自然"等理念，向树立"人与自然和谐相处""人然相融"的理念转变；必须从粗放型的以过度消耗资源、破坏环境为代价的增长模式，向增强可持续发展能力、实现经济社会又好又快发展的模式转变；必须从把经济增长简单地等同于发展的观念、重物轻人的发展观念，向以人的全面发展为核心的发展理念转变。

就自然资源的价值认识看，生态经济理念反映的自然资源的价值内涵要广泛得多，即自然资源的价值等于经济价值（生产要素）加上对人的服务价值（对当代人而言），再加上自然生态和生产系统维持的环境价值。

（三）生态经济是生态文明的具体行动

强调生态文明不是停步不前，简单机械地回归自然，而是用整体、协调、循环的原则和机制调整产业结构、增长模式和消费方式，从征服型、污染型、破坏型向和谐型、恢复型、建设型演变，强调人与自然、人与人以及代际之间的公平性。那种以人类为中心或者以"我"为中心的狭隘的发展理念，甚至是为了发展"可以适当破坏一下自然"的做法都是很危险的。发展首先要考虑环境的承受能力，如果那些生态破坏者成了人人喊打的"过街老鼠"，许多棘手的环境矛盾就容易解决了。

四、生态指向性经济类型的异同

（一）生态经济与绿色经济

生态经济与绿色经济在概念和内涵范畴等方面既有一致性，又有差异性，有时二者被认为是一个概念的不同表述。仔细分析，二者异同体现在下列几方面：第一，绿色经济和生态经济都是有利于资源节约和环境保护的经济，都是和绿色技术和绿色管理相联系的经济，以不污染人们生存的生态环境为目标，或以节约资源、降低耗费为内容的经济。这是二者的同一性。第二，生态经济体现的是协调的观点，强调经济与生态的协调，即使经济本身不是绿色的，但其发展与生态环境应是协调的。将生态环境的条件纳入经济发展之中，就可以认为是生态经济的发展理念；而绿色经济是仿效的理念，即经济发展的本身必须是绿色的，按照生态规律进行生产，包括过程和结果，即绿色经济可以认为是生态的，但生态经济不一定都是绿色的。由此可以看出，二者在发展理念上存在一定的差别。如果过分强调生态环境的约束和规律，按照生态或生物学原理进行经济生产，就会限制某些地区的发展。第三，绿色经济是生态经济建设与发展的微观基础和实现形式。绿色经济都集中在微观企业的生产、组织与管理层面，以规范微观的经济行为为主，而生态经济多体现在战略、理念和措施等宏观方面。所以，可以认为绿色经济是生态经济的具体微观体现形式。

（二）生态经济与循环经济

生态经济与循环经济之间的关系，如同生态经济与绿色经济间的关系一样，既存在同一性也存在差异性。生态经济理论是循环经济的理论基础。第一，循环经济主要是指在社会生产、流通、消费和产生废物的各个环节循环利用能源，发展资源回收利用产业，以提高资源的利用率的经济形态，强调用生态学规律或"生态链"的理念来指导人类社会的经济活动，强调构筑"资源食物链"，对废弃物进行回收利用、无害化及再生的方式，达到资源的可持续利用，促进社会经济的可持续发展，表现出低开发、高利用、低排放的特征，在生产和消费过程中形成一个"资源→产品→再生资源"的物质循环过程。这些也是生态经济的基本内容。第二，循环经济强调以资源投入最小化为目标的减量化原则，以污染排放最小化为目标的资源化原则、以废弃物利用最大化为目标的再循环原则、以生态经济系统最优化为目标的重组化原则，也是生态经济的基本原则。第三，生态经济关注的是指导层面战略与措施，循环经济关注的是组织层面的手段和技术方式。在理论层面，循环经济须将体现其内涵的五要素——物质、能量、时间、空间、资金有效地整合在一起，强调技术方式是其核心，而在生态经济中，这仅是其概念中的一部分。这是二者的差异。第四，循环经济在空间组织上，多以生态工业园、循环产业园区等形式存在，一般具有固定的形态和技术流程。而生态经济的范畴要广得多。

（三）生态经济与清洁生产

清洁生产是将污染预防战略持续地应用于生产过程、产品和服务之中，通过技术进步不断提高管理水平，提高资源的利用效率，减少污染物的产生及其对环境和人类的危害。清洁生产的核心是污染预防，实施"从摇篮到坟墓"的全过程管理，通过节能降耗和资源的循环利用，减少废弃物排放，实现经济效益、社会效益和环境效益的有机统一。

从上述定义可以看出，其与生态经济的关系是密切的，但存在明显的差异。第一，生态经济注重理念，而清洁生产关注过程，后者是前者的有机组成部分，也是循环经济的具体体现形式之一。第二，生态经济强调观念与战略指导，而清洁生产注重工艺流程的设计和技术支撑。第三，清洁生产以环境效益为目标，而生态经济以经济效益和生态效益的统一为目标。第四，生态经济关注宏观层面的规划、理念、政策等，而清洁生产关注微观方案的实施。

清洁生产最初从少废、无废工艺和废物综合利用演化而来。1975 年，联合国环境署（UNEP）在巴黎成立工业和环境规划活动中心，该中心在工业和环境领域列了两个计划，其中之一就是清洁生产。1989 年，UNEP 理事会会议决定在世界范围内推进清洁生产。从 1993 年起，我国开始利用世行项目进行清洁生产试点。从 20 世纪 90 年代起，制造业界为了响应可持续发展的倡议，在生产中重视资源节约和环境保护，提出了绿色制造的概念。1993 年美国国家科学基金会、机床敏捷制造研究所、加州大学能源研究所和空军科学研究办公室，联合成立了绿色设计与制造协会，研究制造业中的环境管理和污染防治问题。1996 年制造工程师学会出版了绿色制造蓝皮书，其中提出的绿色制造概念是，综合考虑优化的资源利用和环境影响的制造系统，使工业产品从设计、制造、包装、运输、使用到报废处理的整个生命周期对环境影响最小，不损害人体健康，资源的利用效率最高。总结过去百年来的发展，可以发现，工业废弃物的90%来自于制造业。因此，改变生产方式、重塑制造业形象成为制造业努力的方向，清洁生产是主要方向。

第二节　发展生态经济的障碍与矛盾冲突

一、思想观念的障碍与冲突

（一）人类中心主义价值观的制约

工业革命以来，人类逐渐形成了人类中心主义的价值观，这一价值观是指导人类与自然关系的主要价值观，形成了人类主宰自然界的观念和行为方式。即使在大力倡导生态文明的今天，这种价值观仍将在处理人与自然关系中发挥主导作用。

人类中心主义强调人类对自然的主宰地位，实施的是对自然的征服和改造。虽然现代人类中心主义也要求人类在开发利用自然资源环境时一定要做长远、周全的考虑，力求利用效率的最大化，在当代人追求自身福利的同时，也要考虑到后代人生存和发展的需要，使地球环境资源可供人类永续利用，在牟取人类自身利益最大化的过程中也保护自然及其他生物体的利益。但是，总体上看，谋取人类的利益是最核心的利益，人与自然是"对立"的。而生态经济要求在价值观上进行变革，体现经济与生态相互协调，这与上述价值观存在一定的差异。所以，从对立的价值观转变为协调的价值观，需要时间和过程，目前的价值观对生态经济的建设有一定的制约作用。

（二）经验与模式的匮乏

尽管有利于环境保护的发展观念早在 20 世纪六七十年代就已慢慢地形成，之后，逐渐提出了绿色经济、清洁生产、循环经济、生态经济等概念，发展生态经济逐渐成为共识。可是直到现在还没有一个国家制定出一种可行的战略。要建立一种生态经济，也就是遵循经济与生态协调的原则，要恢复碳的平衡，要稳定人口和地下水位，要保护森林、土壤和动植物多样性，需要人类的实践经验做指导。我们虽能发现有个别的国家在重构国家经济的某一两个或某几个方面正走向成功，但是我们却找不到一个国家在所有方面已经成功走上了健康发展道路。经验的匮乏和成功模式的缺少，使生态经济的发展理念和行为还没有形成逻辑方式和行为范式。

（三）思想与行动的惯性

第一，以牺牲能源消耗、环境资源为代价，换取某种经济增长的思维惯性，已经形成了经济发展的固定范式，转变与更改非常艰难。其原因是，工业革命以来，世界发达国家已利用此发展模式，取得了"显著"的发展成就，"发达"的程度越来越高，积累了非常丰富的经验。因此，引起了一波接一波的追逐浪潮。因而形成了一种惯性的思维逻辑：如此发展是正确的，也是成功的。反思成功对生态环境带来的影响仅仅是成功后的反思，而不是成功中纳入的要素或规划。第二，追求经济利益的固有观念。虽然生态经济强调经济效益与生态效益的统一或协调，但在现实的发展中，经济利益仍然是占主导地位的，当二者在发展中存在矛盾时，往往是后者让位于前者。虽然生态价值和经济价值对人类的生存具有同等的重要性，但在现实中却表现出了强烈的对立。进入工业文明以来，社会与经济的每一次发展几乎都需要付出沉重的生态代价。当人们意识到需要保护和改善生态环境的时候，却发现工业经济已对自然资源产生了过度的依赖。人类保护环境，努力提高自然界的生态价值，愿望是要促使自然环境更加适合生物生存；人类从自然界摄取一定能量和资源发展经济，目的也是给人类提供更多的物质享受，使人类生活得更美好。但事实并没有预想的美好。第三，要使绿色、环保、节约，成为全人类的基本共识，政府、企业、公民的环境和资源意识还存在非常大的差距。第四，生态经济要求经济发展从线性思维向系统思维、生产方式从产品经济向功能经济、生活方式从物质文明向生态文明、消费模式从奢侈浪费向适度消费转变，而这种转变路程还非常遥远。从现存的人类社会形成的体制看，仅从思维范式看，现在存在的经济生产过程的思维逻辑是线性的，追求的是单一的效益或目标。

二、经济领域的障碍与冲突

（一）经济理论的欠缺

生态经济的建设，必须有完善的理论为支撑。但是，从现实的基础看，生态经济发展的经济理论还非常薄弱，这导致生态经济或绿色经济的发展面临挑战。第一，新古典主义的观点是经济系统包含生态系统，而生态经济要求生态系统包含经济系统，或二者协调。第二，生态经济学的重要任务是设计出类丁船舶负载线标志的经济标志——以防止经济的绝对规模过大。而现代经济学不追求终极目的，只关注过程。虽然西方经济学已经开始关注生态经济理论问题，但仍有许多问题无法回答。例如，如何将环境因素纳入经济学理论之中，如何在经济核算体系中反映生态环境的价值等，都面临理论和实践上的困难。所以，在经济发展问题上，现代经济学无法给出人类经济活动的适度规模与最佳规模。第三，现代经济学在资源配置理论方面，强调经济效益而非生态经济效益，更不是生态效益。经济是独立于周围环境之外的系统，其引起的环境问题被作为经济活动的外部性给"外部化"了，而如何解决外部化问题，现代经济学没有给出很好的方法。第四，现代经济学以刺激生产和消费的增长为目的，而生态经济要求生产和消费的物质流必须最小化。现代经济学过于关注增长，所有经济活动来往于目的与手段之间。但是，一个处于无限宇宙中的有限环境——地球的生态环境系统并不能支撑无限的增长。生态经济的观点是所有的经济系统都是一个大系统中相互依赖的实物物理系统的子系统。这个大系统存在一系列所有经济系统都必须服从的约束，经济系统必须适应这些约束。但现代经济学无法解决这些问题。

（二）经济方式的惯性

工业革命以来，人类进入了以化石燃料为主的工业大发展阶段，建立起来的产业体系主要以不可再生资源为基础。近300年来，人类利用其掌握的

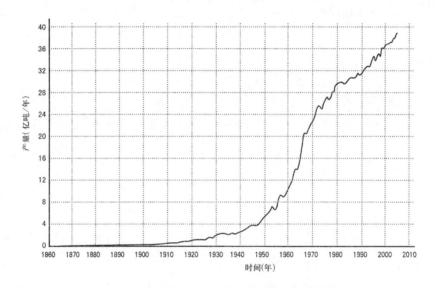

图 5 - 1　世界石油产量的变化（根据有关资料整理）

技术，发展了制造业、采掘业、建筑业、电力等物质生产和能量转换部门，这些部门是以消耗自然资源为基础的，一定程度上也是以牺牲生态环境为代价的。目前，这些行业每年直接消耗20多亿吨铁矿石，80亿吨左右的煤炭，40多吨的石油（图5-1），以及大量的其他自然资源。这些原料的获取一方

面对生态环境产生了不容忽视的影响，另一方面，这些资源的利用对环境也产生了显而易见的影响。

从发展的进程看，人类经过不断地探索和努力，形成了目前的产业体系和规模，对自然界产生了非常强烈的依赖性，这预示着要改变对资源的依赖性是非常艰难的，即使减弱对资源的依赖性，也需要付出长期的努力。

所以，从惯性角度看，目前的经济体系与结构存在必然的持续惯性和"路径依赖"特征。要想将经济发展与生态有机地协调起来，存在着经济惯性的巨大制约。虽然我们可以在具体的方式上加以改变，形成所谓的生态经济模式或理念，但宏观层面的变革却不一定在短时期形成。

（三）经济能力的不足

人类进行经济活动的目的是为了满足自身的需求，包括物质的需求、生活环境的改善和生存环境的提升。但是，一般情况下，人类创造的财富，除了被消费外，往往希望对经济系统再投入，实现扩大再生产的目的，而不愿意主动投入到生态环境保护和建设中。所以，在解决由于经济发展引起的环境问题时，基本上是被动的行为，而且以投入的最少为目标。这种行为上的反差一般导致在生态经济建设中，经济的发展强劲，而生态的建设能力薄弱。另 方面，在许多情况下，无论是发达国家还是发展中国家，由于满足社会方面的需求比较大，因而也无力在经济—生态协调方面进行大的行动或投入。

三、社会领域的障碍与冲突

（一）法制不完善

无论是从全球层面看，从国家层面看，还是从企业层面看，还没有形成完善的法律体系，对人类的行为进行规范，以保证生态经济的发展。即使是自认为法制健全的西方世界，在管理生态系统时，也是按照要素模式管理的，而不是按照系统模式管理的。第一，无论是国际环境法还是国内的法律，主要目的是保护那些被人类视为"有价值的"环境组成部分，以功利主义的方法通过对"利用"的管理对生态环境进行保护，多是以生态环境要素的工具价值或经济目的为法律的基本依据，与经济—生态协调的理念和要求存在差异。第二，从法律制定与实施的方式看，部门化分类管理特征明显，主要针对大气污染、海洋环境、水污染和水资源开发、土地利用和自然资源保护以及城市环境问题，由各专门机构依职能范围分别管理，但是这些管理活动之间明显地缺乏协调，不能反映生态经济发展的核心观念——系统的观点。第三，从法律管理的内容看，重在资源而不是系统，重要素而不是协调关联关系，重局部而不是整体。第四，经济领域的法律与环境保护法律尚有某些冲突。

（二）社会意识的淡薄

无论在生产行业、在消费领域，还是在管理部门，生态经济的意识是十分淡薄的。在发达国家中，其生产领域的生态环境意识已经达到相当的水平，但却不愿接受由于高消费导致的生态环境破坏的事实，也不承认发展中国家产生的生态环境问题一定程度上是由于其为了维持高消费和自己的环境而转移产业的结果。就发展中国家而言，在生产领域中生态环境的保护意识是非常薄弱的，其生态经济发展的理念则更为薄弱。这方面的实例比比皆是。

（三）技术标准欠缺

到目前为止，无论是生态经济、绿色经济、循环经济，还是清洁生产，都没有一个系统的技术标准，仅仅是据目前的水平来定义一些标准。此外，由于认识上的局限性，我们还不了解生态规律将会如何转化成为具体的经济技术标准。

第三节 生态经济的行动方向

一、开发清洁能源

工业革命以来所使用的能源主要是煤炭、石油、天然气 3 种化石燃料。大规模使用化石燃料严重污染了环境，使这些不可再生资源面临枯竭。生态经济对此解决的根本办法是用无污染的可再生的或取之不尽的能源来替代，在完成这一替代之前的过渡性办法，就是将能源的利用率大大提高，以降低化石燃料的消耗和废物排放，同时采取相应的防污措施。取之不尽的清洁能源有水能、风能、太阳能、生物能、氢能、受控热核聚变能等。这些资源的利用在能源结构中所占比例越高，对生态环境的保护越有利。

（一）水能

水能是一种可再生能源，是清洁能源，是指水体的动能、势能和压力能等能量资源。广义的水能资源包括河流水能、潮汐水能、波浪能、海流能等能量资源；狭义的水能资源指河流的水能资源。人类很早就利用水力带动水车来提水灌溉和带动手工作坊各种机械的转动，后来又利用水力发电。地球上的水从总量上看是有限的，但从循环过程看是无限的。水电的生产过程不使用原料、没有运输成本，也不产生任何污染。

水电是目前世界上发展各种清洁能源中技术条件最成熟的一种。发展生态经济，实现经济社会的可持续发展，水利建设是缺一不可的基础工程。全世界的水电已占到总电力的30%左右，发达国家的水电开发较充分，有些发展中国家的水电也已成为电力的主要来源，我国也接近占到总电力的20%。理论上水能利用潜力巨大，现在实际利用的还很小，提高水能利用率具有广阔的前景。

（二）风能

风能也是不使用原料、没有运输成本的取之不尽的清洁能源。目前全球风力发电倍受重视，呈持续快速发展势头，从1990至1999年，风力发电年均增长24%。从理论上讲，开发利用地球上风能的1%，即可满足全球用电需要。虽然现在的风力发电量不到全世界发电总量的1%，但随着风力发电技术的不断进步，预计到2020年，它将可提供世界电力需求的10%，创造170万个就业机会，并在全球范围减少100多亿吨二氧化碳废气。目前欧洲最大的风力发电场发电能力已达到10万兆瓦。[1] 我国风力资源雄厚，发展前景广阔。

（三）太阳能

据记载，人类利用太阳能已有3000多年的历史。将太阳能作为一种能源和动力加以利用，只有300多年的历史。真正将太阳能作为"近期急需的补充能源"，"未来能源结构的基础"，则是近来的事。20世纪70年代以来，太阳能科技突飞猛进，太阳能利用日新月异。开发利用太阳能污染环境小，它是最清洁的能源之一，在环境污染越来越严重的今天，这一点是极其宝

---

① 舒惠国：《生态环境与生态经济》，科学出版社2001年版。

贵的。

（四）氢能

氢本身和燃烧后的产物水都无毒无害，氢是清洁能源，且发热量远高于甲醇、汽油和焦炭，它们的燃烧热量比为 1：2：3：4.5，用水制成氢直接用作燃料或用来发电都行，海水取之不尽，因而氢能开发具有广阔的前景，一些能源专家认为氢是取代化石燃料最理想的能源。运载火箭和航天飞机使用的燃料就是液态氢，现在也已有了氢能飞机和氢能汽车。

（五）聚变能

核燃料不含碳，不会排放增温气体，目前核能提供的电力接近全球发电总量的 1/5，但目前人们对裂变能产生的放射性废料的处理不无隐患。科学家们已把力量转向聚变能的开发研究，聚变不产生放射性污染，且能量极大，其燃料氘、氚来自水，1000 克氘氚聚变能相当于 4000 克铀裂变能或 6600 吨汽油、1 万吨煤燃烧释放的热量。随着聚变能的开发成功，大海将成为人类取之不尽的能源库。[①]

（六）生物能

生物能是太阳能以化学能形式贮存在生物中的一种能量形式，一种以生物质为载体的能量，它直接或间接地来源于植物的光合作用，在各种可再生能源中，生物质是独特的，它是贮存的太阳能，更是一种唯一可再生的碳源，可转化成常规的固态、液态和气态燃料。据估计地球上每年植物光合作用固定的碳达 2×10^{11} t，含能量达 3×10^{21} J，因此每年通过光合作用贮存在植物的枝、茎、叶中的太阳能，相当于全世界每年耗能量的 10 倍。生物能是第四大能源，生物质遍布世界各地，其蕴藏量极大。世界上生物质资源数量庞大，形式繁多，其中包括薪柴，农林作物，尤其是为了生产能源而种植的能

---

① 舒惠国：《生态环境与生态经济》，科学出版社 2001 年版。

源作物，农业和林业残剩物，食品加工和林产品加工的下脚料，城市固体废弃物，生活污水和水生植物等等。所以，发展生物能有比较广阔的前景，也是环境友好型的清洁能源。

二、推进清洁生产

清洁化生产不是专指某种产业的生产，而是泛指工业的加工、制造及为之服务、配套的各个产业生态化循环。传统的工业生产是为获得某一产品而进行的，生产过程中产生的其他东西都作为废物抛给了自然界，因而传统的工业走的是一条高浪费、高污染的路子。生态经济所要求的工业生产是清洁化生产，它是按照生态系统闭路循环的方式，从能源、原料、生产、产品、产品使用、回收生产的循环往复的物质变换、能量流转过程中达到物尽其用和生态学上的洁净。

（一）倡导"生态设计"的理念

清洁生产是工业生产的"生态设计"，采用的是"生态工艺"，使用的是清洁能源、清洁材料，生产中产生的废料和污染尽量减少，并在循环利用中基本消除，最后的剩余物无害，可以为生态系统和生物圈所吸收。清洁化生产是多样化技术的综合生产，因而工业企业也将是综合性生产企业或联合企业。如钢铁企业就应是冶炼、化工、建材等的综合或联合企业；化工就更是这样；制造企业则还要做到产品易于拆卸回收，易拆卸回收是制造业清洁化循环生产过程中的重要一环。清洁化生产把人类的工业生产纳入到生物圈总的物质、能量流动循环变换过程中，使以往人类对生物圈冲击最大的经济活动得以与生物圈相协调，从而奠定了人类生存和发展的重要基础。清洁化生产已成为工业化国家工业生产的潮流，并将成为 21 世纪世界工业生产的主流。

（二）开发经济型的清洁生产工艺流程

清洁生产在理论上是正确的，认识上也是一致的，但在推行过程中确实收效甚微，究其原因，是"经济"的合理性问题。在目前的科学技术条件下，以及人类固有的经济观念的支配下，即使是清洁的，但"不经济"的生产工艺流程是难以为继的，因而也就会导致清洁生产的理念难以实现。

因此，推进清洁生产，首先应在"经济"上谋求合理性，设计既符合经济规律又遵循生态学原理的清洁生产工艺流程才是可持续的。

（三）建立科学的"空间生产链"

清洁生产体现的是循环经济的基本理念，即上游企业的废物是下游企业的原料，这在理论上是可行的，但以企业为基本单元的每个生产节点，都有自己的空间区位，这就需要在空间配置上进行空间统筹。以往的清洁生产的研究和工艺设计，都没有涉及空间合理配置的问题，这在一个微观企业内部是可行的，但在企业间未必就存在可行性和经济合理性。所以，强化空间的统筹对产业链的构建是至关重要的。

从合理性看，清洁生产应以生态工业园为基本空间单元进行设计与组织，如此才能在经济上和工艺上达到最佳效益。

三、发展生态产业

（一）生态农业

农业以直接加工自然资源，直接向自然界索取资源为特征，其发展对资源、生态、环境的依赖性最强，因此，农业的发展模式和方式直接反映资源、生态、环境的可持续发展程度。

生态农业是以农业资源的合理利用、农业生态环境的有效保护为目标的高效、低耗、低污染的农业发展模式，是按照生态系统内物质循环和能量转化规律而建立起来的一种农业生产体系。它强调使用有机肥、生物农药和生物治虫，整个生产过程基本上不产生废料和污染。生态农业在世界许多国家特别是欧共体的德、法、英、西、荷等国发展很快。

方向是：依靠技术变革加快农业增长，科学使用肥料和耕地资源，保护农业生态环境；发展优质、高效农业，满足人类的生存与生活需求；发展有机食品工业是生态农业发展的必然要求，是生态经济建设的必然产物，也适应世界食品消费变化趋势；有效保护农业生态环境，包括耕地资源的保护，人力资源的保护等；发展观光农业，发挥农业的多重作用。

（二）生态林业

生态林业是指遵循生态经济学和生态规律发展林业，是充分适当地利用自然资源和促进林业发展，并为人类生存和发展创造最佳状态环境的林业生产体系。它是多目标、多功能、多成分、多层次，也是组合合理、结构有序、开放循环、内外交流、能协调发展、具有动态平衡功能的巨大森林生态经济系统。

林业与农业一样，也以直接加工自然资源，直接向自然界索取资源为特征，其发展对资源、生态、环境的依赖性最强，因此，林业的发展模式和方式同样反映资源、生态、环境的可持续发展程度。

森林是陆地最大的生态系统，是自然界物质和能量交换的重要枢纽，对于地上、地面、地下环境有多方面的影响，如果把森林看作单纯的木材生产基地去砍伐，而且是掠夺式的经营，不顾植被具有极为重要的防止环境恶化的功能（涵养水源、保护水土、防风固沙、调节气候、维护生态平衡等等），那么最终破坏森林的恶果将是人类自身的灾难。从古巴比伦王国的消失到全球性的温室效应，无不证明了这一点。

处理好生态效益和经济效益是生态林业的出发点。必须强调二者的协调与平衡。有关森林生态价值和经济价值的计算认为，二者之比是 10∶1，重视森林的生态效益是首要的，但过分强调生态效益也会制约社会经济的发展，过分强调森林的经济价值会导致违反生态规律的资源砍伐。

发展生态林业，必须因地制宜，坚持生态优先原则，充分利用生态规律，构建良好的生态系统，在取得良好的生态效益的同时，也取得很好的经济效益，实现生态和经济的持续协调发展。

（三）发展环境保护产业

环保产业是生态经济的一个重要产业。在向生态经济和生态文明过渡的相当长时间内，对废品固体垃圾的处理和对废气、污水、噪声的处理都是必不可少的，我们把这类产业称为环境保护产业。环保产业同样要按照生态规律，运用多样性技术和多层次循环转化，达到变废为宝、变害为利、变治为产的企业化、产业化要求。

传统工业生产是一种取一弃万的生产模式，这一点在原料生产环节上尤为突出，其他生产环节上也都不同程度地存在，整个生产过程的物质所弃远远大于所取。如何对待这种所弃？听任不管而让其成垃圾和污染，把它们统统当垃圾埋掉或烧掉，这并不能消除污染，而只是把污染转移到地下和天上（大气）；同时，这种处理对贫穷国家还是一个负担，更重要的是，这是资源的巨大浪费。

环保产业在工业化国家已成为"朝阳产业"，这个产业的发展，既可较好地解决环境污染问题，又可收到较好的经济效益，同时还可开发出先进的环保技术。

（四）生态建筑及材料产业

城市的生态化、建筑的生态化和住宅的生态化，是 21 世纪生态文明的一个重要象征。发展生态经济，必然要求生态建筑、生态建材成为支柱产业之一。传统的工业城市是人类污染的"重灾区"。全球现在已有一半人口住在城市，到 2050 年将有 70% 的人口住在城市，城市化已构成 21 世纪人类健康的主要威胁之一。

生态建筑应以低能耗、"环保"和"保健"为核心内涵，为人类营造宜居的空间。我国建筑业发展很快，但是95%以上仍属于高耗能建筑，其单位建筑面积采暖能耗为发达国家新建建筑的3倍以上。据有关资料，我国建筑行业目前年消耗的资源是全国矿产开采总量的56%，排放废气占全国工业废气排放总量的13.9%，生产工业粉尘占总量的73%，全国现有12万家砖瓦企业，占地600多万亩，每年取土14.3亿立方米，能耗6000万吨标准煤，烧砖排放二氧化碳1.7亿吨，仅墙材生产能耗和北方采暖能耗就占全国总能耗的15%。[①] 所以发展生态建筑是促进生态经济发展和生态社会建设的长远的根本性措施。

发展绿色建材、智能建材、抗菌面砖、抗菌卫生陶瓷、抗菌涂料、抗菌剂等，具有巨大的潜力。

（五）生态旅游

旅游业是集人文、景观、生态、经济于一体产业。在工业化时代，未被工业化开发的地方，被看成是穷荒之地，无人问津；现在情况发生了较大变化，回归自然，到大自然中去学习、体验已经成为一种时尚，生态旅游已成为人们健康身心和丰富物质精神生活的追求与必需。

生态旅游是一种学习自然、保护自然的高层次的旅游活动和教育活动，单纯的盈利活动是与生态旅游背道而驰的。同时，生态旅游也是一项科技含量很高的绿色产业，需要生态学家、经济学家和社会学家的多学科的论证，方能投产。需要认真研究生态环境和旅游资源的承受能力。否则，将对脆弱的生态系统造成不可逆转的干扰和破坏。同时，生态旅游应该把环境教育、科学普及和精神文明建设作为核心内容，真正使生态旅游成为人们学习大自

---

① 陈乔、梅琳等：《建材工业的可持续发展思考》，载《江西建材》，2015年第3期。

然、热爱大自然、保护大自然的大学校。

我国人文资源丰富，名山、名湖、名城、名景、名人在国内和世界享有盛誉的数以万计，如果能建成一流的生态环境，将生态与旅游结合起来，形成生态旅游业，在新世纪其发展前景不可限量。

四、倡导绿色消费

绿色消费，也称可持续消费，是指一种以适度节制消费，避免或减少对环境的破坏，崇尚自然和保护生态等为特征的新型消费行为和过程。绿色消费，不仅包括绿色产品，还包括物资的回收利用，能源的有效使用，对生存环境、物种环境的保护等。

（一）绿色消费已经成为人类消费的发展趋势

随着人们的健康意识和环保意识的增强，消费心理和消费行为也发生了变化，人们在选择购买某种商品时，既考虑是否有利于自己的身心健康，又考虑对环境有何影响，绿色营销、绿色消费已成为一股迅速发展的潮流。如北京借主办奥运会的契机，将绿色奥运作为行动指南，有力地推动了绿色消费氛围的形成；聚乙烯塑料袋正在退出各大商场和超市，取而代之的是可降解的塑料袋和再生纸袋。上海市已将环境保护作为城建的主旋律，上海的客运轮船码头、机场、车站、旅游风景区、广场和主要街道已停止使用一次性塑料饭盒，上海的目标是用 15 年左右的时间基本建设成一个生态城市。

20 世纪 80 年代后半期，英国掀起了"绿色消费者运动"，然后席卷了欧美各国。这个运动主要就是号召消费者选购有益于环境的产品，从而促使生产者也转向制造有益于环境的产品。这是一种靠消费者来带动生产者，靠消费领域影响生产领域的环境保护运动。这一运动主要在发达国家掀起，许多公民表示愿意在同等条件下或略贵条件下选择购买有益于环境保护的商品。

现在，全球生态意识觉醒的人数已是与日俱增。不仅专售无污染商品的绿色商店，各种各样的有机食品和用品在各国大受欢迎，而且骑自行车和乘公交车在市内出行，使用再生用品、使用循环利用包装材料的用品，都成为越来越多的人的自觉选择。高级材料挤掉的再生用品重新亮相，而且身价倍增；同时也使一些率先开发、生产低污染或无污染新产品的厂商获得了迅速击败强大竞争对手的市场机遇。

（二）倡导消费有助于公众健康的绿色产品

具体而言，应积极倡导消费者在选择消费时，避免消费下列产品。第一，危害到消费者和他人健康的商品；第二，在生产、使用和丢弃时，造成大量资源消耗的商品；第三，因过度包装，超过商品；第四，含有对动物残酷或不必要的剥夺而生产的商品；第五，对其他国家尤其是发展中国家有不利影响的商品。

（三）倡导可持续消费

引导消费者转变消费观念，倡导崇尚自然、追求健康，在追求生活舒适的同时，注重环保、节约资源和能源。

在消费过程中注重对垃圾的处置，不造成环境污染。符合"三E"和"三R"，即经济实惠（Economic），生态效益（Ecological），符合平等、人道（Equitable）；减少非必要的消费（Reduce）、重复使用（Reuse）和再生利用（Recycle）。

第六章　生态价值观与环境法制

　　伦理、制度和技术是解决生态环境危机、协调人与生态环境关系的主要支柱和路径。从历史角度看，三者是相互影响相互联系的，人们关于生态环境的看法，即生态价值观直接影响着人们的行为以及政治、经济、文化、教育、法律制度的建立，而科学技术的进步不断加深人们对生态环境的认识并引导生态价值观的变化，法律制度建设又对人们生态价值观具有导向与保障作用。所以，处理好人与自然即生态环境和谐的关系，是一项极其复杂的系统工程，需要运用制度、技术、伦理道德等各种手段进行综合调整。在人类步入生态文明社会的今天，亟待加强环境法制建设来调整人们在开发利用和保护生态环境、自然资源活动过程中形成的社会关系，使之既符合生态规律，又符合社会经济规律，从而达到人与自然之间关系的和谐。

第一节　生态价值观与环境法制建设

　　环境法治建设可以分为硬件和软件两个方面，如果说法律法规和法律设施是"硬件"，则价值观的培育是"软件"，这其中当然包括公民生态价值观的培育。法治社会的建立绝不仅限于"硬件"系统的完备周详，最为基础、也最为关键的，是支撑整个法治大厦的精神层面的意识与观念的确立。无论多么完善的"硬件"系统，都是人来完成的，法律制度等等的制定、实施、遵守都是人的行为，行为是在一定意识、观念支配下进行的，有什么样的意识、观念，就有什么样的法律行为。许多事例表明，法律制度建立受价值观的支配，法的实施受价值观的指导。价值观在一定程度上可以决定法律本身的命运，是法制的出发点和归宿。如果仅有完善的法律，遵守和执行这些法律的人却没有与其相适应的价值观，那么再完善的法律也会在实际生活中扭曲变形。在生态环境问题日益严重的今天，探讨生态价值观的作用，对于环境法制建设具有举足轻重的作用。

一、生态伦理与环境法制建设的关系

社会是一个具有多层次结构的，通过内在矛盾的解决而发展的，并且在自我调节的基础上来发挥功能的有机系统。任何一个社会在客观上都要求具备社会调整体系，法律和道德是调整社会关系的两种重要的形式，二者相辅相成，相互渗透，相互促进，协调发展。

（一）生态伦理是生态环境法制的基础

在人类与自然的关系中，从哲学层面看，自然只是客体，环境法律的建立完全决定于人对生态环境的认知程度、意志和价值观念。人们的生态环境道德是环境法制建设的伦理基础，环境法制建设以生态伦理为定位这一命题几乎已经为环境法律共同体所普遍认可。生态伦理作为环境法制建设的伦理基础，主要体现在：

（1）环境法制具有内在生态伦理性。人类社会生活主要包括物质生活和精神生活，而人类精神生活的根基主要由伦理道德来支撑。伦理道德为社会成员提供着基本的价值观念和准则，法律是人们在社会生活当中的基本行为规范，必然要反映一定的物质关系和道德伦理价值，二者具有一致性。具有共同的价值理念，社会的公平、正义等；具有共同的目标，维护社会的和谐和发展。亚里士多德说："法治应该包含两种意义：已成立的法律获得普遍的服从，而大家所服从的法律又应该本身是制订得良好的法律。"① 两千多年前，古希腊的先哲们既强调法律外在的权威性，又关注法律内在的伦理性。立法者会将自己关于善与恶、正义与非正义等基本价值的判断凝结在法律规范中，因此法律规范本身是道德观的产物。生态伦理观是人们处理人与人、人与自然关系时所应遵循的基本的行为准则，它包括合理性、正当性的价值评判，环境法律只有体现、反映一定的生态伦理价值取向和要求，才能获得社会普遍认同，进而变成社会生活中真正起作用的实际规则。因此，无论是在内容方面，还是制定和实施的过程中，均需要生态伦理做基础。

（2）生态伦理观是环境法变革的原动力。环境法的法域变迁历经了从私法到公法再到社会法的转型，并最终定格在生态法之上，推动这一进程的强大动力就是以强调人与自然平等与和谐共处为己任的生态伦理。② 就是说，体现人们生态价值观的法律，随着人们生态价值观、伦理观的变化而改变。

（二）环境法制是生态伦理的具体体现

（1）环境法律规范的产生是伦理道德规则演变的结果。从原始社会走出来的人们将人与人之间、人与自然之间和睦相处的伦理道德规则保留下来从而演变成了习惯，再由习惯到法律，得到人们广泛的认同。道德调整的范围最初是人与人之间的关系，随着社会的进步，扩大到人与社会之间的关系，进而扩大到人与自然之间的关系，作为以道德为建立基础的法律，其调整的范围相应变化。随着人们对环境问题认识的逐步加深，生态伦理概念出现，

---

① 亚里士多德：《政治学》，吴寿彭译，商务印书馆1997年版。
② 屈振辉：《现代环境法研究的多元伦理视野》，载《湖南农业大学学报（社会科学版）》，2008年第6期。

挑战原有的伦理规则，保护环境，人与自然和谐发展已经成为人们的共识。伦理规则的变化，必然反映在以生态伦理为基础的环境法制中。

（2）环境法律是生态伦理道德规则的法制化，即把一些基本的道德原则、规范转化成法律原则、规范。随着环境问题的出现，人们认识到主要靠道德的力量来保护生态环境是不行的，强制力是不够的，法律必须发挥其作用。生态伦理道德规则上升为环境法律规范，主要侧重于立法过程，指的是立法者将一定的生态道德理念和道德规则借助于立法程序以国家意志的形式表现出来，并使之规范化、制度化上升为法律。当生态道德规则上升为法律时，它就成为一种对全社会的刚性要求，即道德义务转化为法律义务，道德规则因此而得到强化和强制实施。霍姆斯宣称："法律乃是我们道德生活的见证和外部沉淀。"[①] 符合生态伦理道德的法律，才是良好的环境法律，它能够促进环境公平和正义，在某种程度上决定着环境法的本质和特点。环境法律的规定性一方面反映人们的价值观和价值取向，另一方面随人类的价值观念的变化而变化。无论从国际上环境法律发展的历程看，还是从国内环境立法的发展进程看，以保护生态环境为价值理念的立法越来越突出，环境法律体系也越来越完善。

用法律来调节人与环境间的关系，是保护环境与自然资源的必要手段，但仅有法律是不够的，道德自觉往往重于法律。原因是法律是人们价值观念的反映和记录，往往滞后于现实生活，而新的环境问题却层出不穷；法律能禁止和惩处那些最严重的违法、违规行为，但却不能使公民自觉行善。所以，人与生态环境的关系，法律调整是基础，而人们保护环境、呵护生态的意识和行为不需要法律调整就能自我调整，才是最高的追求，即自觉的保护生态的意识和行为是人类追求的最高境界。

---

① 吕世伦：《现代西方法学流派》，中国大百科全书出版社2000年版第421页。

二、生态价值观对环境法制建设的作用

（一）生态价值观对环境立法的导向作用

生态价值观在立法方面、在法律适用和法律遵守方面具有的重要的导向功用。环境立法的前提条件是社会的客观需要，国家任何一项法律的制定，都是已经成熟了的客观需要的产物。马克思主义的经典理论告诉我们，经济基础决定上层建筑，制定什么样的法律决定于社会需要的程度和社会发展的进程，决定于人们的接受程度。环境立法的动机源于社会生活实践，因此除生产力发展水平之外，还包括公众的生态价值观的现状，它影响立法者的立法目标、方向和法律理想。从环境立法看，生态意识不同的立法者对环境保护和环境法治的认识、理解及其价值取向不同，因此捕捉到时代精神的不同，并将之反映到法律文件中去也不同。它影响着环境法律制度的制定状况和完备程度，影响着立法后果。当一个社会经济主义至上，环境仅仅当作资源，仅仅重视资源的经济价值的时候，是很难有符合生态文明的环境立法。

（二）生态价值观对环境法律实施的促进作用

从环境法律的实施看，法律的制定就是为了规范和调整人们的行为，如果人们的生态意识水平处在较低的层次上，对环境保护的重要性认识不够，会影响人们对环境法律的认知，法律就不可能得到很好的贯彻和实施，即使在实施过程中，也会因此而增加实施成本。从首份《全国生态文明意识调查研究报告》数据看，"受访者的环境法制意识较低，普遍缺乏维权意识"，"举报污染环境行为的比例仅为 49.7%。从职业来看，环保工作者及公务员的环境法制意识较高，环境问题举报电话的准确率、污染环境行为举报率平

均比农民、普通职员、个体经营者高出 7 个百分点以上"。[①] 从执法看，影响着执法机关及其工作人员的执法情绪和执法状态，影响他们对法律规范的理解和应用，尤其是影响着他们对法律的忠实程度。从守法看，影响着法律制度在人们内心中的地位以及社会民众对其重视的程度，通过其行为对法律秩序产生积极或消极影响。公民只有具有了良好的生态意识和法律意识，才能使守法由国家力量的外在强制转化为公民对法律所内含的价值要素的认同，从而自觉保护环境，自觉依照法律行使自己享有的权利和履行自己应尽的义务。如果大多数公民能够形成对环境保护共识与认同，环境保护真真切切内化为公民生活的内在的、自然的要求时，环境法制的实现就相对容易得多，这是技术解决和制度解决不能替代的。因此，较高水平的生态意识，对环境保护和环境法律的实施无疑会有很大的促进作用。

第二节　环境立法价值取向的演变

一、人类中心主义立法价值取向

在传统的人类中心主义生态伦理观的影响下，环境立法的目的是以人类为中心的，在立法上反映的是"经济优先""人类优先"的思想。这一价值理念在工业文明时期体现得非常明显。

（一）强调资源利用

在与生态环境密切相关的资源法方面，主要以强调资源的利用为基本价

---

① 环保部：《全国生态文明意识调查研究报告》，载《中国环境报》2014 年 3 月 24 日。

值理念和特征，强调部门的管理和对资源的经济开发。如土地、山林、水、矿产、野生动物、渔业等部门法律，在很大程度上主要关注各类自然资源的分配和利用而非它们的可持续发展，更少关注它们在生态环境系统中的生态功能和作用。

（二）法制建设以单一要素为管理对象

如水法基本关心的是水权的分配（建立水利工程和发放取水证），而非水资源的保护和预防、控制水污染；森林法几乎无一例外地集中于建立国家对于森林资源的垄断权和森林开发使用的许可证制度；土地资源法主要针对土地使用权问题，而非土地利用和土地保养问题。环境与资源保护的成分只是被作为对环境退化的尖锐事件的反映而零碎地嵌入这些法律中。

（三）对人的权利的直接保护

在环境法成为独立部门法之前，调整人们在开发利用、保护改善环境活动中产生的环境社会关系的法律规范分散在宪法、民法、行政法和刑法中。以民法为例，传统民法的价值理念是基于"个人权利本位"，如果环境损害并不涉及人体健康或财产利害关系，而只是对其他非人的生命权利、自然生态平衡造成侵害，只保护人身权和财产权的民法是鞭长莫及的。在刑法方面，目前大部分国家的危害环境犯罪立法在保护法益的规定上仍然沿袭传统的人身权和财产权概念。许多被冠以"环境保护法"一类的法律，虽然环境法益可以通过诸如行政法所保护的自然资源（包括野生生物）来实现，但是由于对自然资源以及动植物的保护是针对对人类有经济价值的资源而言，因此环境法益只是被保护利益中的一种间接的反射利益。其立法终极目的与保护环境无关，只不过是以环境保护为借口来保护人类既得权利与利益。①

---

① 曾建平：《环境正义：发展中国家环境伦理问题探究》，山东人民出版社 2007 年版。

二、自然中心主义和生态中心主义立法价值取向

由于人类增长方式与生态环境产生的尖锐矛盾，使得人类开始反思其价值观和以往的法律制度。20 世纪 70 年代以后，随着人类对生态环境系统认识的深入以及生态价值观的变化，西方世界首先出现了动物权利/解放论（Animal Rights /Liberation Theory）、生物中心论（Biocentrism）、生态中心论（Ecocentrism）和深层生态学（Deep Ecology）为代表的非人类中心主义（Anti‑Anthropocentric），主张将道德共同体的范围从人类扩展到动物，再从动物扩展到植物和所有生命共同体。主张自然具有内在价值，环境法制建设应以生态利益为本位，环境法的调整对象应以自然与人的关系为前提，提倡动物解放和环境权利。这些伦理观念逐渐完善并形成了理论体系，对现代环境法制的建设产生了一定的影响，出现了法制建设生态化转向的趋势。有些研究认为现代环境资源法应建立在生态中心主义和可持续发展伦理观的基础上，其立法应体现"生态优先""环境优先"的价值理念。① 这一理念与"经济优先"的理念一样，只强调了生态环境的主体地位，而忽视了"人"的需求和特殊性，以及人与自然的主客关系。如果纯粹坚持生态优先的立法理念，就会限制人类对自然的合理开发和利用，限制人类的发展。

三、环境立法的现代生态价值观转向

环境保护与经济发展紧密联系，发展不能建立在对自然的粗暴索取上，这是人与经济、生态的基本伦理关系，基于此认识，人类开始走向生态文

---

① 曹明德：《生态法原理》，人民出版社 2002 年版。

明。生态文明是在人类历史发展过程中形成的人与自然、人与社会环境和谐统一、可持续发展的文化成果的总和，是人与自然交流融通的状态。生态文明观的核心是从"人统治自然"过渡到"人与自然协调发展"，使保持和谐的社会秩序、经济秩序与环境秩序成为人类社会的行为目标。在生态文明建设的今天，环境法制建设应坚持"以人为本"的基本原则，应体现"经济—环境协调""人与自然和谐"的价值理念，促进现代环境法律体系的建立。

（一）逐步承认自然的内在价值

20世纪70年代以来，已经有越来越多的国家在法制建设方面承认环境组成部分的内在价值。1982年《世界自然宪章》中指出："人类是自然的一部分"，"每种生命形式都是独特的，无论对人类的价值如何，都应得到尊重，为了承认其他有机体的内在价值，人类必须受行为道德准则的约束"。1992年的《生物多样性公约》承认："缔约国意识到生物多样性的内在价值和生物多样性及其组成部分的生态、遗传、社会、经济、科学、教育、文化、娱乐和美学价值，还意识到生物多样性对进化和保持生物圈的生命维持系统的重要性，确认生物多样性的保护是全人类的共同关切事项。"近年来正在形成的《气候变化公约》更是将环境变化提到了生物圈可持续发展的高度来关注自然的价值问题。

这一重大转向是生态文明发展的重要标志，来源于人类对工业文明时期价值观的深刻反思。在主客二元论和机械自然观的主导下，人类只承认自然的工具价值，而不承认其内在价值，认为只有人类才存在内在价值。所以，人类是自然的主宰，自然只不过是人类的"公寓"，可以对自然任意行使自己的权利。这种价值观在倡导生态文明的今天，遇到了巨大的挑战，人类开始步入承认自然具有内在价值的轨道，这种理念，理所应当在环境立法中体现。

（二）重构环境秩序

现代生态学已经揭示出，生物之间是相互联系、相互依存的，由生物和无生物组成的生态系统也是真实存在；生态系统有自身的、不依赖于有机个体的运行规律。环境秩序所指的并非仅是一种自然秩序，而是包括自然秩序与社会秩序在内的一种复合秩序。这种秩序具有人与其他物种以及人与整个生态环境和谐、有序的两重含义，其实质要求是要保持人与自然之间合乎规律的正常状态。近百年来，生产力的高速发展使人类对自然环境的影响和干预能力显著增强且极度膨胀，以至足以对整个生态系统构成威胁从而成为巨大的潜在危险，环境秩序的理念正是以此为背景而得以显现的。

以前的法制建设旨在创设一种符合伦理正义的社会秩序，以促进人类价值的实现，历史的发展告诉我们，这远远不够，人类社会进入现代阶段，还应重视创设符合人类发展的环境秩序，而这种重视首先就是从道德秩序和法律规范开始的。日益恶化的生态环境促使人类环境保护意识的增强，人们以这一意识为基础建构起来的社会规范就是环境伦理和环境法制。对人类而言，井然有序的生态环境是一种普遍的价值追求，人类是整个生态系统中的一员，他们的各种活动都必须遵循生态规律并受其支配。自然环境拥有不依赖于人而独立存在的内在价值，人们在充分享受利用自然环境的权利的同时，也应当责无旁贷地担负起保护自然环境的重任，而法制是其重要的力量。

（三）强调系统管理

近几十年来，由于对生态系统内部的相互关系的认识提高了，人们日益认识到以资源利用为核心的法制建设不足以确保环境质量和可持续发展。因此，以强调系统管理为特色的生态环境法制建设成为主要趋势。目标是在所有的生态政策和环境管理方案的基础上对环境进行综合的规划和管理。由于20世纪80年代生态学的发展，管理理念由围绕单一物种或单一资源，越来越接近整体论的形式，进行生态的系统管理已经成为环境法制建设与执法的基本理念。从国内外环境法制建设的历程看，经历了"资源利用"、到"资源管理"、再到"系统管理"的历程，形成了从整体性和系统性出发认识和管理生态环境的基本模式。

第三节　我国环境法制建设的价值取向

新中国成立后，我国的环境法制建设走过了曲折发展的路程，随人们的认知和国家政策而变化。1983 年国家提出环境保护是我国的一项基本国策，党的十九大报告在十八大提出的"富强民主文明和谐"的基础上加上了"美丽"二字，明确提出"走向生态文明新时代，建设美丽中国，是实现中华民族伟大复兴的中国梦的重要内容。"把美丽中国与中国梦紧密结合起来，并将"坚持人与自然和谐共生"作为新时代坚持和发展中国特色社会主义的 14 条基本方略之一，充分体现了社会主义生态文明观的新境界。不仅如此，"生态文明"写入宪法，组建生态环境部，为美丽中国建设奠定了坚实的管理体制基础与法制保障与此相适应我国环境法制经过了：基本国策——可持续发展战略——科学发展观——生态文明观的变迁，我国环境法制的建设也逐渐发生转变。

一、环境法制建设存在的问题

（一）重技术规范，轻伦理规范

环境法是法学与自然科学特别是环境科学交叉重叠的产物，其间包含了大量反映生态规律要求的技术性规范。环境法中的技术性规范主要表现在

"由有关的国家机关颁布各种环境标准和其他技术性规程","在法律条文中明确规定技术要求","在法律、法规中列出专门条款,对技术名词、术语进行法定解释"和"利用法律法规附件的形式规定技术要求"等方面。① 综观我国现行的环境法律,大多是对开发和利用自然环境的限制性和禁止性规定,这些规定大多是技术性的而非伦理性的。伦理性规范的缺失使得环境法难以为普通民众所接受,从而增加环境守法和环境执法的难度,规避、抗拒环境执法的现象之所以在我国时有发生恐怕与此不无关系。

（二）重部门利益,轻社会利益

强调部门利益是加剧我国生态环境问题的人为瓶颈,它既是法律问题也是道德问题。作为环境基本法的《环境保护法》,在立法上采取了"宜粗不宜细"的原则,导致了法律条文的规定过于原则和抽象,用于具体操作的单行法律、法规制定权被交给了各部门。这原本是基于环境问题特殊性的考虑,但利益的存在使得各部门在立法中对涉及自身利益的,要么争相规定、要么回避规定,不仅造成整个环境法制建设的混乱与资源浪费,而且由于其互相矛盾的规定,造成实际操作中的困难重重;各部门在环境执法中,在利益驱使下,无限制地从抽象规则中推导出与己有利的具体规范,随心所欲地选择任意性规范,甚至对有的规定秘而不宣,故布陷阱。这种局面的出现主要是各部门高度重视自身利益、轻视甚至忽视社会利益的结果。②

（三）重法律强制,轻道德自律

尊重与信仰法律是法治与德治的共同要求,法治的实现离不开道德的支撑,较高的道德水平无疑会促进环境法的实施。就现状而言,我国环境法制的实施主要是依靠环境法中的强制规定和行使环境行政权。这不仅徒增了环

---

① 王灿发:《环境法学教程》,中国政法大学出版社1997年版。

② 屈振辉:《中国环境法的法典化问题研究》,载《嘉应学院学报（哲学社会科学）》,2004年第1期。

境法的实施成本，更容易引起了人们的抵触与反感情绪，从而给环境法治的实现造成了很大的困难。强调道德教化高于法律强制是中华传统法律文化的特征，但我国环境法在实施过程中对环境道德的教育作用重视不够。其实中华传统文化中并不乏丰富而深邃的环境伦理思想，西方环境伦理思想也并非在中国没有得以传播，关键是我们没有将环境道德教育与推行环境法很好地结合起来。

（四）重要素管理，轻系统管理

我国传统的环境资源法是建立在两大板块基础之上的：一是对环境因子的分类立法，诸如水、大气、海洋、噪声、毒害废物质等的污染防治之法；二是对自然资源要素的分类立法，诸如水、土地、矿产、森林、草原、野生动植物等的保护利用之法。这样就使本来都属于同一个生态系统的要素与要素之间，环境与资源、能源之间呈现纵向、分割、相对独立的态势。由于法律不能很好将生态系统的各组成要素有机统一地管理，往往出现各单项要素管理指标都合格，但整体生态系统的状况却依旧恶化的局面。这是由于传统环境资源法的重视分要素立法，就会忽视生态系统的有机整体和关联性，使得生态系统整体得不到有效保护。出现"点上治理、面上破坏"的情况，或是"局部改善、整体恶化"的问题。而目前生态状况的整体恶化警示我们，生态系统作为一个整体，对其进行体系化管理有重要意义。

二、现代环境法制建设的价值取向

2018 年全国生态环境保护大会，习近平总书记首次提出"生态文明体系"，并明确生态文明体系的丰富内涵，是经济社会发展向生态文明社会全面转型的重大发展战略。生态经济体系是基础，生态文明制度体系是保障，保护生态环境必须依靠制度、依靠法治。"生态文明"写入宪法，对我国生态文明法治建设将产生巨大影响，构建完善生态文明法律体系，是法治研究新课题，习近平总书记强调用最严格制度、最严密法治保护生态环境，这也为现代环境法制建设指明了原则和价值取向。

（一）系统统筹的价值理念

贯彻系统统筹的价值理念是环境法制建设的根本。中共中央在"十五大"报告中就明确指出："我国是人口众多、资源相对不足的国家，在现代化建设中必须实施可持续发展战略。坚持计划生育和保护环境的基本国策，正确处理经济发展同人口、资源、环境的关系。"党的十八届五中全会提出，要实施山水林田湖生态保护和修复工程，筑牢生态安全屏障。十九大报告提出"统筹山水林田湖草系统治理"，比以往增加了一个"草"字，充分体现了党对自然共同体的认识更加完整。第一，包括人在内的生态系统是一个有机的系统，各个要素之间，如水、空气、土壤以及生物在发展、生存、演变中是相互关联的，用机械论的价值观处理每个要素必将对整个生态系统产生严重影响；各个子系统间存在错综复杂但又联系密切的关系，任何一个系统如生物子系统、经济子系统、社会子系统的变化都会影响整个系统的变化。所以，在环境立法上，应转变以往只关注单一要素或单一系统的状况，强调系统统筹的价值理念。第二，统筹人自身的各种关系。在处理环境问题时，应从技术、发展、工业化、人口等因素和环节予以统筹考虑。第三，在保护环境方面，应综合提出防治污染、保护资源及其再生能力、防灾、规划、控制人口、科技管理等措施，而这些综合性的措施对生态环境保护均具有重大的意义。2015 年修订实施的《中华人民共和国环境保护法》（以下简称《环境保护法》）虽有诸多亮点，但是没有对于散见于水资源、土地资源、森林资源等单行法中的重要制度做出必要的规定，综合性不足。

（二）代际公平的价值理念

代际公平是指人类的不同世代之间应公平享有地球权利并承担地球义

务。早在 1972 年斯德哥尔摩联合国人类环境会议通过的《人类环境宣言》中，国际社会就已初步认识到世代之间的公平问题。《人类环境宣言》共同的观点之六指出："为这一代和将来的世世代代，保护和改善人类环境已经成为人类一个紧迫的目标，这个目标将同争取和平、全世界的经济与社会发展这两个既定的基本目标共同和协调地实现。"代际公平更是 1992 年联合国环境与发展大会所关注的可持续发展的主题，国际法院也通过其法官多次论及这一问题。一些国际文件包括法律文件已提及世代间的公平，有些国家已经赋予未来世代的诉讼主体资格。

关于代际公平原则的理论，最具影响的当为"地球资源的信托原则"，这一理论认为，地球资源是人类的共有财产，人类与人类所有成员，上一代和下一代，共同掌管地球上的自然资源。作为这一代的成员，我们受托为下一代掌管地球；与此同时，我们又是受益人有权使用并受益于地球。信托的财产授予者是人类全体。据联合国可持续发展委员会法律专家报告，代际公平包括三个组成部分——质量、选择权、利用环境的途径。

代际公平原则有其深刻的理论基础，并已被环境法所确认，在司法实践中也得到广泛认同。我国的环境法制建设应借鉴国际环境法及其他国家环境法的立法和司法经验，在立法上对其加以确认，将以人为本的原则在立法上更好地体现，这有利于进一步强化公民的可持续发展意识和生态法律意识，并使我国环境法能够在法制建设上走在世界的前列，发挥中华民族对世界生态建设应有的作用。

（三）突出生态保护的价值理念

生态保护的价值理念在立法中的体现是指在处理经济增长与生态保护关系问题上，确立生态保护优先的法律地位，以此作为指导调整生态社会关系的法律准则。

目前我国经济发展属于全球快速增长的国家之一，且经济多年持续增长，这无疑对提高我国综合国力，改善国民的生活，加强我国在国际上的影响力具有重要意义，但是，持续快速增长的经济也给我国生态环境产生巨大的压力，生态破坏和环境污染的形势更加严峻，尚未得到有效遏制。再延续"高生产、高消费、高污染"的发展模式，势必将我国的生态环境推向崩溃的边缘。但是我国1989年《环境保护法》并没有明确地将可持续发展作为环境资源保护与污染防治的指导思想。该法第1条规定："为保护和改善生活和生态环境，防治污染和其他公害，保护人体健康，促进社会主义现代化建设的发展，特制定本法。"这一规定指出了该法的立法目的，表明了该法仍局限于把经济增长作为衡量标准的传统发展观之中。可喜的是，2015年修订实施后的第1条修改为"为保护和改善环境，防治污染和其他公害，保障人体健康，推进生态文明建设，促进经济社会可持续发展，制定本法。"生态文明首次入法，成为立法的指导思想，即在基本原则和立法目的上，充分认识到经济社会发展与生态环境之间的关系的严峻性和尖锐性，调整了以经济发展为第一要务的价值取向，加强生态文明建设，突出生态保护的价值理念。立法理念的生态化为《环境保护法》奠定了生态整体主义的理论基石。

（四）预防为主的价值理念

从国际上看，西方国家大都走了一条"先污染、后治理""先破坏、后整治""先开发、后保护"的道路，并为此付出了惨重的代价。这个沉痛的教训已使西方国家认识到，必须将那种"病重求医、末端治理"的反应性政策、单项治理政策，转变为采用预防性政策、综合性治理政策，从污染的"浓度控制"转变为"总量控制"，从"末端治理"转变为"首端预防"、全程治理。1980年国际自然和自然资源保护联合会发表的《世界自然资源保护大纲》提出了一系列"预期性的环境政策"，其目的是把"资源保护和开发很好地结合起来，以保证这星球上的一切变革皆对于全人类的生存和幸福是可靠的"。并指出，"这些政策要求在环境遭到破坏之前就要采取行动"，"我们的行动策略应是把治理与预防明智地结合起来"。1982 年 5 月 18 日通过的《内罗毕宣言》第 9 条指出："与其花很多钱、费很多力气在环境破坏之后亡羊补牢，不如预防其破坏。预防性行动应包括对所有可能影响环境的活动进行妥善的规划。"

虽然我国在环境法制建设中也看到了西方国家发展经济过程中的弊端，在环境立法中也提出了"预防为主，防治结合"作为环境立法的一项基本原则，并制定了一系列措施，但是，从我国发展的实际历程看，仍然延续了西方国家的老路，并没有达到预防的目的。我国已基本形成的环境立法体系偏重于污染后的治理，法律上虽规定了环境影响评价、"三同时"、许可证、现场检查等一些预防性制度，但这些制度本身的规定都不十分完善，缺乏必要的支持实施系统，并且也有浓厚的末端控制色彩。所以，在未来的法制建设中，还应进一步加强预防为主价值理念的贯彻。2015 年《环境保护法》在污染防治与自然资源保护的融合做出了努力，如第 4 条将"损害担责原则"确定为生态环境保护的一项基本原则，将环境污染和生态破坏的责任加以合并；在环境保护基本制度中也体现了融合等。

（五）合理开发的价值理念

要切实保障合理开发利用自然资源，需要采取以下几种措施：第一，按照生态环境和自然资源的特点及生态规律进行开发利用。根据自然资源可更新或不可更新的特点，对野生动物、植物、森林、草原等生物资源的利用，应当控制在合理的限度内，遵循利用量不得超过再生量的基本准则，确保资源的可持续性利用。根据环境资源的地域性特点，因地制宜地开发利用环境和自然资源。宜农则农、宜林则林、宜牧则牧、宜渔则渔、宜工则工。根据自然环境有一定自净力的特点，进行科学论证，全面推行污染物总量控制制度，把污染物排放控制在环境自净能力容许的限度内。第二，坚持自然资源开发和节约并举，把节约放在首位，提高资源利用效率。我国人均自然资源占有量少，资源利用效率低且浪费严重，资源短缺已成为制约社会经济发展的瓶颈。节约资源和提高资源利用的效率，是解决我国自然资源和生态环境问题的根本出路。这要求把珍惜和节约土地、水、能源、木材、粮食和各种资源作为国家、国家机关、企事业单位和公民个人的基本指导思想和行为准则。而且，必须要改变经济增长方式，实现从粗放型经济增长模式向集约型经济增长方式的转变，按照可持续发展的要求，以提高资源利用率为核心，建立资源节约型经济体系。第三，用市场机制调节和政府宏观调控相结合的办法加强环境资源开发利用和保护的管理。正如美国著名生态伦理学家罗尔斯顿所指出的，在生态领域，存在着市场失灵现象，因为"理性经济人"不可避免地会造成"公地的悲剧"。在市场这只"看不见的手"无法发挥作用的领域，就需要政府干预这只看得见的手来进行宏观调控。政府除通过计划、规划以及政策进行调控外，还须通过确立、完善资源的产权制度等来协调社会各方利益。运用财政、税费、利率、抵押、保险等经济杠杆，如资源有偿使用制度、排污收费制度等，促进资源的合理开发利用。第四，依靠科技进步合理地开发利用资源。科学技术是第一生产力。应高度重视加大环境保护领域的资金投入和技术研究的开发力度，大力发展清洁生产技术、清洁能源技术、能源有效利用技术、资源综合利用和循环利用技术以及节水、节能、节材等节约资源技术，开发可替代资源，大力推广环保产业。此外，在公民中加强生态伦理和生态法律的教育，在全社会倡导绿色消费方式，树立可持续的发展观，对于贯彻合理开发利用原则无疑具有重要的意义。

第四节　我国森林法中的生态价值观透视

森林是人与自然和谐的纽带，森林生态系统承担着提供生态产品、物质产品和生态文化产品的任务，是与人类发展最为密切的一类生态系统。人类对森林资源的利用和保护，一定程度上反映了人类的生态价值观和环境道德。森林法是特定时期某个国家或社会利用和保护森林资源（生态系统）意志的具体体现，也是其生态价值取向的具体反映。本节选取我国《森林法》作为剖析对象，以此从一侧面透视我国法制建设的生态价值取向。

一、森林法演进中生态理念的体现

（一）我国具有保护森林的悠久历史

对森林的利用与保护，自有人类文明开始就受到人们的关注。据史料记载，世界上最早的关于森林开发与保护的行政机构的设立始于我国的西周，规定林木要成材时才能砍伐出卖；秋季草木凋零时才能上山伐薪。春秋战国时齐国相管仲重视森林防火，认为林木丰盛是国富民强的原因之一。秦代的《秦简·田律》中规定，从春季二月起，不准进山砍伐林木，并且不准堵塞林间水道，不到夏季，不准进山樵薪、烧草为灰；不准捕捉幼兽，不准掏鸟蛋；不准毒捕鱼类，不准设网与陷阱来捕杀鸟兽，到七月方可解此禁令。以后的历朝历代封建统治者都非常重视对森林的保护。例如唐宋元明四代都很重视植树造林，明太祖朱元璋要求百姓广植经济林，以发展国家经济。

我国近代历史上，第一部专门规定森林的培育、管理和保护的森林法规，是 1912 年辛亥革命成功后，民国政府制定的"林政纲要"。在"林政纲要"的基础上，民国政府于 1914 年颁布了《森林法》，这是我国第一部现代意义的森林法，共 6 章 32 条；1915 年颁布了《森林法施行细则》和《造林奖励条例》；1932 年民国政府又重新颁布了修订后的《森林法》，共 10 章 77 条。但是，由于战乱频繁，政局不稳，没有认真实施。新中国成立后，党和国家非常重视林业法制建设，出台了一系列法律法规（见表 6 - 1）。1950 年的《国土改革法》第 18 条规定，大森林、大水利工程、大荒山、大盐田和矿山及湖、沼、河、港等归国家所有，由人民政府管理经营。明确了森林的保护对象地位。我国宪法也明确规定"国家保障自然资源的合理利用，保护珍贵的动物和植物。禁止任何组织和个人用任何手段侵占或者破坏自然资源"，"国家保护和改善生活环境和生态环境，防止其他污染和其他公害"。1963 年制定的《森林保护条例》中规定，国家划定的自然保护区的森林，禁止进行任何性质的采伐。1984 年 9 月全国人大六届七次会议正式通过了《中华人民共和国森林法》（以下简称《森林法》），并于 1985 年 1 月 1 日施行，分为总则、森林经营管理、森林保护、植树造林、森林采伐、法律责任和附则 7 章 42 条。1998 年、2009 年两次修订（2009 年仅修订 1 条），共 7 章 49 条。《森林法》是我国林业大法，它作出了很多利在当代，功在后世的新规定，充分体现了保护森林、加快国土绿化、发展林业是我国的一项基本国策，对于保护、培育和合理利用我国现有森林资源，更好地发挥森林在国民经济建设中的作用，具有极其重要的意义。

表 6 - 1　我国保护森林的主要法律法规

颁布时间	法律法规名称
1952	《关于严防森林火灾的指示》
1953	《关于发动群众开展造林、育林、护林工作的指示》
1957	《关于进一步加强护林防火工作的通知》
1963	《森林保护条例》
1979	《森林法（试行）》，《关于植树节的决议》
1980	《国务院关于坚决制止乱砍滥伐森林的紧急通知》
1981	《关于开展全民义务植树运动的决议》
1982	《国务院关于开展全民义务植树运动的实施办法》
1984	《森林法》（1998 年、2009 年修订）
1986	《森林法实施细则》

续表

颁布时间	法律法规名称
1987	《森林采伐更新管理办法》（2011 年修订）
1988	《森林防火条例》（2008 年修订）
1989	《森林病虫害防治条例》
2000	《森林法实施条例》（2011 年、2016 年、2018 年修订）
2002	《退耕还林条例》（2016 年修订）

（二）保护"森林资源"是核心

从立法发展过程看，我国森林法依次经历了"合理开发"、"资源保护"和"生态建设"三个阶段。现在正是第三个阶段的纵深发展期，即"生态文明建设"时期。狭义的森林资源的合理开发和保护始终是贯穿法律的核心，尤其是在我国封建时期，强国富民、发展林业经济，是森林行政和立法的主要目的。虽然自中华民国时期起，森林法中已经具有若干生态保护的色彩，但开发的目的还是非常明确的，即使保护也仅仅是强调单一森林资源，而不是对森林生态系统进行保护。反映的是资源价值的理念，而不是生态系统服务功能的生态价值理念。新中国成立后的 1963 年制定的《森林保护条例》中体现了保护"林木"的强烈特色。1984 年《森林法》对于森林生态环境的保护起到了不可估量的作用，但是，该法单纯以资源利用与保护为目标和导向问题仍然突出。

（三）环境保护的理念淡薄

保护资源的目的，一是为了经济利益，二是为了生态效益，但主要的应是生态效益，因为一旦生态效益丧失，其经济利益最终将受到影响。就其立法目的而言，我国已制定的自然资源法中，虽然《森林法》明确提出了"保护和改善生态环境""维护生态平衡"的立法目的，但在实施工程中，则偏重于经济利益，对"保护环境""维持生态平衡"意识比较淡薄。

二、现行森林法中生态价值理念的体现

（一）立法目的的生态环境倾向性

立法目的统领着一部法律规范的价值取向，我国 1984 年制定（1998、2009 年修订）的《森林法》的生态价值取向是明确的，其在第 1 条中规定"为了保护、培育和合理利用森林资源，加快国土绿化，发挥森林蓄水保土、调节气候、改善环境和提供林产品的作用，适应社会主义建设和人民生活的需要，特制定本法"，明确提出了森林的生态服务功能，而不仅仅是关注森林的资源功能。

立法不仅是对森林资源的保护，也是对资源整体观方面的提升。国务院于 2000 年 1 月 29 日发布了《森林法实施条例》，该条例对《森林法》的规定进行了具体化和细化，如将野生动植物也包括进森林资源之中，使森林资源具有更强的生态资源色彩。例如该条例第 2 条规定："森林资源，包括森林、林木、林地以及依托森林、林木、林地生存的野生动物、植物和微生物。"

（二）立法原则的生态效益优先性

《森林法》强调森林的生态效益、社会效益、经济效益统一这一价值主线。第 5 条规定"林业建设实行以营林为基础，普遍护林，大力造林，采育结合，永续利用的方针"。培育森林的目的是为了满足整个社会日益增长的物质文化生活和可持续发展的需要，利用森林则是把人们培育森林的劳动转化为人们所需要的林产品和生态服务，在这个培育与利用森林的过程中，发挥了森林的经济效益、社会效益和生态效益。第 24 条规定"国务院林业主管部门和省、自治区、直辖市人民政府，应当在不同自然地带的典型森林生态地区、珍贵动物和植物生长繁殖的林区、天然热带雨林区和具有特殊保护

价值的其他天然林区，划定自然保护区，加强保护管理。""对自然保护区以外的珍贵树木和林区内具有特殊价值的植物资源，应当认真保护"。这些规定，均体现了"生态效益"优先的价值理念。

（三）立法保护的森林功能公益性

森林以公益为取向，这是现代各国森林法的普遍做法。例如德国巴伐利亚州的森林法特别规定：国有林特别应该服务于普通的福利。我国森林法的制定和实施也充分反映了这一价值取向。《森林法》第 4 条将森林分为防护林、用材林、经济林、薪炭林和特种用途林五类，防护林包括水源涵养林，水土保持林，防风固沙林，农田、牧场防护林，护岸林，护路林，将其涵养水源、防风固沙、保持水土、调节气候、改善环境和防治空气污染等多种社会效益以法律的形势确定下来，使得森林生态系统的公益性得到了保护。

（四）纳入了生态平衡的价值理念

《森林法》第 8 条第 1 款规定"对森林实行限额采伐，鼓励植树造林、封山育林，扩大森林覆盖面积"；第 3 款规定"提倡木材综合利用和节约使用木材，鼓励开发、利用木材代用品"。这些规定，充分体现了生态平衡的价值理念。

但是，我国在森林资源的开发、利用、保护关系方面，还存在重开发利用，轻保护，重视森林资源，忽视森林生态系统，重视森林资源数量增长、忽视质量提高的倾向，生态系统的保护任重道远。

林业以森林资源为主要经营管理对象，是规模最大的循环经济体，我国有林业用地 43 亿亩，可利用沙地 8 亿多亩；全国有木本植物 8000 多种、陆生野生动物 2400 多种、野生植物 30000 多种（1998 年森林法释义）。大力加强对森林资源的科学经营和合理利用，进行多功能、多效益的循环高效利用，可以满足经济社会发展对林产品和生态产品的需求，扩大循环经济规模，促进循环经济发展。

三、未来森林生态系统管理的价值取向

党的十七大首次把"生态文明"概念写入了报告，这也对林业发展提出了新的要求。现实的危机，时代的要求，促使我们必须改变过去的生产生活方式，努力建设人与自然和谐相处的生态文明。2007年，国家林业局局长贾治邦在全国林业厅局长会议上第一次明确提出现代林业的建设目标是构建三大体系：完善的林业生态体系，发达的林业产业体系，繁荣的生态文化体系。繁荣的生态文化体系作为现代林业建设的一项新任务的提出，林业由"两大体系"到"三大体系"。这一切，毫无疑问影响未来森林生态系统管理的价值取向。

（一）强化其生态服务功能，淡化其经济资源价值

森林是陆地生态系统的主体，具有调节气候、涵养水源、防风固沙、保持水土、改良土壤、养护物种、净化空气、美化环境、固碳释氧、维护生态平衡等重要生态功能，被称为"地球之肺"。正如联合国粮农组织前总干事萨乌马所说：森林即人类之前途，地球之平衡。

在森林系统所体现的生态效益、经济效益和社会效益三者之中，应以生态效益和社会效益为主，实施对森林生态的管理。如上所述，森林的功能很多，但最主要的是通过水的循环蓄住水保住土，通过影响气温、降水、风速等的变化调节气候，通过净化空气防风固沙、降低噪声等改善环境。通过创造优美的自然环境，为人类提供精神和文化上的享受。森林其实就是一个潜在的"绿色水库"和"基因贮存库"，人类文明从森林中起步，同时其发展又要以森林为依托和保障。未来的森林生态系统管理，应以彰显这些功能为主。

（二）遵循可持续发展的价值理念

重视森林资源开发对人类生存和发展的重要性，同时必须平衡人类发展与森林资源开发、环境保护的利益关系，关注人与森林系统的持续性、内在性、互动性和共存性，注重发展的长远规划和子孙后代根本利益的保护。森林资源的发展界定应当既满足当代人的需求又不对后代人需求构成危害，人类对森林资源和环境所采取的保障措施应当对自然生态环境，人类（当代、后代）生活环境构成最有效的维护屏障，并在此基础上实现延续不断，良性循环的发展，最终满足人类不断提高的生活质量。

（三）突出生态文化理念

生态文化是反映人与自然和谐相处的生态价值观的文化。生态文化在普及生态知识、树立生态道德、建设生态文明中发挥着重要作用。在森林生态管理中，应高度重视发展生态文化，构建繁荣的生态文化体系，致力于使全社会牢固树立人与自然和谐相处的生态价值观。

随着人类文明的进步，人类对森林的认识也越来越深刻，对其体现的文化价值也越来越认同。生态文化的核心理念是人与自然和谐，人类不再单一的利用森林资源，而是更加重视森林的美学、环境价值等。另一方面，森林生态旅游也是生态文化价值体现的一个方面，其在感受森林提供的环境、美学等价值的同时，还通过一系列人工措施，挖掘森林的文化价值。

在人类倡导生态文明的当今时代，人类对森林系统的管理和利用过程中，其所体现的文化价值将越来越重要。

第七章　生态价值观与环境教育

环境教育的主要目的是培养人们的生态伦理道德、生态保护意识、处理生态问题的能力，领悟生态知识，形成以"和谐"和"依存"为主线的生态文明观，改变传统的以"征服"和"改造"为主线的自然观，为构建和谐社会与环境友好型社会发挥应有的作用。加强环境意识教育、知识教育、技能教育、态度教育，引导人们以可持续发展的方式生活，形成人与自然和谐发展的环境态度与责任感。学校、社会和家庭是环境教育的三大平台，在生态价值观培育和形成中发挥的是"三位一体"的作用。未来促进生态文明意识和社会的形成，应重点强化环境危机、环境伦理、环境行为三方面的教育。

第一节　环境教育的意义与目标

一、环境教育的基本内容与目标

（一）环境教育基本内容

环境教育是人认识和理解环境进程、发展与环境关系的主要途径，是引导人们建立正确的生态价值观的必要手段。《世界保护战略》认为，教育与态度和行为是联系在一起的。促进新的生态伦理的形成，环境教育应当肩负着重要任务。

从传授知识层次看，环境教育的基本内容可分为环境意识教育、知识教育、技能教育、态度教育四方面，宗旨是使人们以可持续发展的方式生活，形成人与自然和谐发展的环境态度与责任感。

从教育途径看，学校正规系统的环境教育、社会和企业的环境实践教育、家庭生活的环境行为教育是环境教育的三个方面，三者缺一不可，互为补充，对个人和人类社会生态价值观的形成和发展均发挥不容忽视的作用。

从功能方面看，英国教育学家亚瑟·卢卡斯（M. A. Lucas）提出了著名的环境教育三维模式，把环境教育归纳为三类，即"关于环境的教育（Education about the environment）"、"在环境中的教育（Education in the environment）"以及"为了环境的教育（Education for the environment）"。"关于环境的教育"是向受教育者传授有关环境的知识、技能以及发展他们对人与环境的理解力；"为了环境的教育"是以保护和改善环境为目的而实施的教育，涉及环境价值观与态度的培养；"在环境中的教育"则是现实环境中进行教育的具体的教育方法。[①]

（二）环境教育的目标

环境教育的主要目的是培养人们的生态伦理道德、生态保护意识、处理生态问题的能力，领悟生态知识，形成以"和谐"和"依存"为主线的生态文明观，改变传统的以"征服"和"改造"为主线的自然观，为构建和谐社会与环境友好型社会发挥应有的作用。

培养生态道德素养。通过环境教育，就是要培养人们对自然的道德意识

---

① 祝怀彩：《环境教育的理论与实践》，中国环境科学出版社 2005 年版。

和情感，确立与自然相互依存的态度，合理开发利用自然，形成关心自然的态度，做有良好生态道德素养的生态人，形成良好的生态道德素质。现代人类道德系统可概括为相并列的两大子系统，即人际道德系统和人然道德系统。前者侧重规范人的社会行为，后者侧重规范人的环境行为。因此，培养新型的环境道德素质是环境教育义不容辞的责任。

培养良好的实践行为。环境教育把培养人良好的实践行为作为重要目标，用自身良好的生态道德素养去参与、改造这个世界，更好地为人类的生活服务。

培养新的环境伦理观。以往人类大量而随意地破坏环境，消耗资源，其发展道路是一种对后代和其他生物不负责任和不道德的发展模式。新型的环境伦理观应该是在发展经济的同时，还要考虑为后代留下足够的发展空间。正如联合国环境署1997年发表的《关于环境伦理的汉城宣言》中所指出的："我们必须认识到，现在的全球环境危机，是由于我们的贪婪、过度利己主义以及认为科学技术可以解决一切的盲目自满造成的，换一句话，是我们的价值体系导致了这一场危机。如果我们再不对我们的价值观和信仰进行反思，其结果将是环境质量的进一步恶化，甚至最终导致全球生命保障系统的崩溃。"

二、环境教育对塑造生态价值观的作用

（一）环境意识教育是塑造生态价值观的重要方式

环境意识是人类意识中与环境和环境问题有关的部分，包括人们对自身和人类生存环境的观念、行为取向和社会心理等，是人与环境的关系在人们的知觉、情感、意志、思想、理论等心理过程和观念形态方面的反映。环境意识教育就是基于一定的道德准则对人们的上述方面进行价值观念的引导和

塑造。环境意识教育影响着人们的环境问题认知、环境知识水平、环境法律意识状态、环境道德水准、环境行为取向、环境行为评价导向、个人环境权利和义务觉悟水平等，进而影响人们在处理经济建设与环境保护协调关系中所采取的行动。

环境意识教育是建立正确生态价值观的基本前提和基本保障，也是导致人们形成错误价值观的主要原因。所以，环境意识教育至关重要，必须上升到生态文明建设的高度来认识，正确的环境意识教育必须以提高人的素质为目标，树立公民对自身在生态文明建设中的社会角色、社会责任、社会权利和社会基本规范方面持有的正确认知与观念，实现人类社会与自然的和谐发展。在倡导生态文明的今天，只有以提高人的素质，开发人的最深处的各种能力为目标的人的环境意识革命，才能改变人们的生活态度，提高人对生态环境的关注程度，实现可持续发展。

环境意识教育的内容随时代不同而不同。从文明进程看，人类在经历原始文明、农业文明、工业文明和生态文明的各个时期中，由于其所面对的人与自然关系存在本质的不同，所以其环境意识自然就不同。尤其是进入工业文明以来，人类环境意识的客观基础不断发生着剧烈的变化，因而其环境意识教育的内容也就存在显著的不同。前期人类以征服自然为目的，所形成的环境意识和教育是以主客二元论为主线的，基于其进行的教育是如何确立利用自然的观念，保护意识淡薄；近半个世纪以来，由于环境问题的加剧，人们逐渐开始认识到调整人与自然关系的重要性，尤其是以 20 世纪 70 年代初联合国第一次环发大会为转折点，人与自然和谐的意识逐渐成为环境意识教育和行动的主线，保护自然的意识也不断加强。目前，以生态建设、生态安全、生态文明教育为主的"三生"教育已经成为环境意识教育的核心。

环境意识教育内容还与人的基本价值观密切相关。如果人以"主人"自居，那么其环境意识必然是"主人"意识，环境教育的内容也必然是如何树立"主人"的意识和能力，以及主人的优越感和支配意识。如此，形成的是"人"与自然对立的环境意识。如果人类认为自己是自然的一部分，那么她就会形成个体与整体、局部与整体、相互依赖的意识，所实施的环境意识教育的目的也就会以如何遵循和谐共存为出发点，主线是"和谐""依存"，而不是"对立"。所以，环境意识教育必须以更高层次的哲学世界观为指导。

（二）环境知识教育是生态价值观形成的基石

环境知识教育是指关于生态环境发生与演化规律、生态环境因素间作用机理、社会与自然相互作用关系等方面的知识传授。只有充分认识并掌握了环境知识，才能形成合理的价值观和行为规范。具体而言，环境知识教育包括以下几方面。第一，关于生态学知识的教育，目的是教授人们掌握生物与环境、生物与生物之间相互关系的基本规律和知识，掌握生态平衡基本机理。第二，关于人与自然关系的相关知识教育，包括人对自然规律认识的演变、历史经验与教训、人的自然观、人与自然相互作用的基本规律、人与自然复合系统的基本知识等方面的知识传授。目的是掌握人与自然和谐相处的基本操守。第三，环境要素知识的了解。对关键环境要素变化规律进行了解，以及其在生态环境系统中的关键作用，目的是掌握关键因素对环境的影响机理。第四，典型环境知识的教育。如海洋环境、森林生态、湿地生态、草原生态等典型环境系统的知识教育，了解这些系统的特性、稳定性和脆弱性，以及对整个自然系统的作用，目的是形成类型以及分类利用与管理的理念。

（三）环境技能教育是固化生态价值观的手段

环境技能教育主要包括三方面：一是关于利用环境资源的技能教育，二是保护环境的技能教育，三是治理与修复环境的技能教育。利用环境资源的教育是关系到人类基本行为的教育。先进技能的掌握，会提高人类对环境资源的利用效率，减少对生态环境资源的浪费，落后的技能，必然会对环境资源的利用产生效率低下的可能。但是，先进技能的掌握，如果应用不好，会对环境产生更大的危害。所以，关键是技能掌握在具有什么价值观的人手中，即决定于人的环境态度和意识。保护环境的技能教育主要目的是维护自然环境的原始本质和稳定。所以，这一类的环境技能教育基本是环境友好的，是从环境本身的"自然利益"出发的，这与环境资源利用的出发点——"人的利益"是不同的。环境治理与修复技能的教育是以消除对环境的不利因素为出发点，从人的利益出发看所体现的是逆向改造的特点。所以，这一技能的教育以恢复环境的本来面目为目标，主要是抑制或消除有害因素的影响，尤其是要消除人类行为对生态环境的有害影响。

（四）环境态度教育决定着生态价值观的"质量"

环境态度是指人在处理人与环境关系、利用生态环境资源、保护生态环境等方面所持的准则和行为的程度，所以环境态度教育就是关于人们对待不同环境问题所持的准则与行为程度的教育。与环境意识教育所不同的是，环境态度教育是控制和约束性的教育，可以利用一系列的标准和规定进行标定，是"质"与"量"规范方面的教育，而环境意识教育则主要是认识和心理方面的教育，是"善""美"等情感方面的导向教育。具体而言，环境态度教育包括下列内容：第一，环境行为准则教育，体现的是生态道德意志，是人们为履行生态道德义务所应具有的勇气、决心和毅力，目的是杜绝损害生态环境的不道德行为。第二，程度约束教育，目的是设定行为的极限和具体限度，教导人们行为有度，如利用有度、消费有度、排放有度，体现人与自然的和谐。第三，偏好性培育。对生态环境的偏好性也是环境态度教育的基本内容，这包括局部偏好、要素偏好、系统偏好、行为偏好等方面。这在一定程度上反映了人（或人类）所持的生态价值观的特征。

第二节　国内外环境教育的发展历程

为应对日益严重的环境问题，联合国相继组织召开了三次人类环境会议（1972 年的斯德哥尔摩人类环境大会，1992 年的里约热内卢联合国环境与发展大会和 2002 年的约翰内斯堡可持续发展首脑会议）及其诸多国际环境教育会议。针对不同时期的环境问题提出了不同的对策，对加深人们对环境问题的认识，改善环境状况发挥了重要作用，也对我国环境教育产生了积极的影响。

一、国际环境教育的实践

关于国际环境教育实践的发展，有关学者曾做过不同的划分。但是缺少具有说服力的划分依据，或根本没有提出划分依据，也没有形成统一的划分方法。本书依据国际环境保护运动和环境教育发展历程中的相关重大事件、重要会议和重要文件等为标志，国外环境教育发展历程可以划分为三个阶段。

（一）起步阶段（1962—1974 年）

进入 20 世纪以后，环境问题困扰着全世界，特别是 50 年代后西方工业国家发生多起公害事件，引起人们的关注和思考。1962 年《寂静的春天》的发表对美国等国家重视环境问题起了极大的推动作用。1949 年成立的国际自然和自然资源保护协会（世界自然保护联盟 IUCN）设立了专门的教育委员会，并在 1965 年召开了"基础教育、高等教育与土地相关培训中的环境教育"会议，标志着环境问题已经引起世界的关注。当然"环境教育"一词出现更早，于 1948 年在巴黎召开的国际自然和自然资源保护协会（巴黎会议）上首次使用了由托马斯·普瑞查德（Thomas Pritchard）提出的"环境教育"一词，标志着"环境教育"的诞生。

对世界环境教育有重大影响的事件是 1972 年在瑞典斯德哥尔摩召开的、由 114 个国家代表参加的"联合国人类环境大会"。这次会议提出一个响亮而令人警觉的口号"只有一个地球"，产生了一个专门机构——联合国环境规划署（UNEP），通过和采纳了与《世界人权宣言》相提并论的《人类环境宣言》（即《斯德哥尔摩宣言》），它是人类历史上第一个保护环境的全球性宣言，是世界上第一个维护和改善环境的纲领性文件，对于激励和引导全世界保护环境起到了积极的作用，具有重大历史意义。宣言尤其强调了教育的作用，认为"对成年人和年轻一代进行有关环境问题的教育……给予弱势群体以应有的关注，是十分必要的。"在宣言第 19 项原则"环境教育"中，指出了环境教育在保护和改善环境上的必要性。会议第一次正式将"环境教育"的名称肯定下来，并规定每年 6 月 5 日为世界环境日，这次会议推动了国际环境教育事业的高涨。

（二）成长阶段（1975—1991 年）

国际性环境教育基本理念和框架的明确化及 90 年代国际坏境教育和培训行动战略的确立。1975 年联合国教科文组织和联合国环境规划署通力合作，建立了国际环境教育规划署（IEEP），进行全球环境教育规划。1975 年10 月，联合国教科文组织和联合国环境规划署在贝尔格莱德举办了"国际环境教育研讨会"，来自 65 个国家的教育领导人、专家出席了会议。大会讨论了环境教育中的问题及其发展趋势，并对环境教育的作用表现出极大的乐观情绪。会议讨论了环境教育的性质和原理，发表了《贝尔格莱德宪章——环境教育的全球框架》，宪章中规定，环境教育的目标就是促进全人类去了解、关心与环境有关的问题，并促使其个人或集体具有解决当前环境问题和预防新问题的知识、技能、态度、动机和义务。这是联合国第一个关于环境教育的国际宣言，建构了国际环境教育的基本框架。之后，在非洲、阿拉伯地区、亚洲、欧洲、北美洲及拉丁美洲召开了一系列地区性环境教育会议，均以《贝尔格莱德宪章》作为讨论的前提。贝尔格莱德会议为全球范围内的环境教育事业的发展拉开了序幕。

继贝尔格莱德会议后的1977年召开的第比利斯会议带来了国际环境教育事业的高潮。第比利斯会议是联合国教科文组织有关环境教育的第一次国际政府间大会，有来自66个国家的官方代表团，及一些非政府组织代表参加。这次会议总结了20世纪70年代环境教育的发展，明确提出环境教育的目标包括意识、知识、技能、态度和参与五个方面，拓展了环境教育的内容和方法，把环境教育引入了一个更广阔的空间，在环境教育的理论和实践两个层面都取得了广泛共识，国际环境教育基本理念和体系确立，被认为是国际环境教育发展史上具有里程碑意义的一次重要会议，标志着国际环境教育进入了快速发展阶段。

1987年世界环境与发展委员会审议通过了《我们共同的未来》（也称《布伦特兰报告》）。它的出版是对《世界保护战略》的加强与拓展。这项报告是关于全球议程的一项重要声明，它指明了如何调和环境与发展之间的关系强调了可持续发展作为解决环境问题的取向，"可持续发展"首次被正式提出，定义为"既满足当代人的需要但对后代满足自身需要的能力不构成危害的发展"[①]。同年，由联合国教科文组织和联合国环境规划署联合主办的"国际环境教育和培训会议"在莫斯科召开，80多个国家的300多位专家及国际自然保护组织等参加了此次会议这次会议在国际环境教育发展中上占有重要地位，一系列重要的议题都在会议讨论中产生。同时，1987—1988年则

---

① 祝怀新：《环境教育的理论与实践》，中国环境科学出版社2005年版。

可以称之为欧共体内的欧洲环境年。1988 年，欧洲共同体部长会议通过了《欧洲环境教育决议》，对"采取具体步骤推动环境教育，使之通过各种渠道在欧共体推广"取得广泛共识。

1988 年，联合国教科文组织提出"为了可持续发展的教育"一词，这是"可持续发展教育"思想的早期倡议。1991 年，IUCN、UNEP 和世界自然基金会（WWF）在世界各地共同发布《保护地球——可持续生存战略》，拓展了环境教育的视角，认为"可持续生活的教育"是环境教育的新取向。

（三）成熟阶段（1992 年至今）

1992 年在巴西里约热内卢召开的第二次人类环境会议——"联合国环境与发展大会"，是继 1972 年联合国人类环境会议之后举行的讨论世界环境与发展问题规模最大、级别最高的一次国际会议，也是人类环境与发展史上影响深远的一次盛会，通过了被称为"地球宪章"的《里约热内卢宣言》和《21 世纪议程》。这次会议的一个重要成就就是将环境教育列为可持续发展的重要内容，使国际环境教育进入了成熟阶段，也标志着环境教育的高级阶段——可持续发展教育的诞生。这次会议的突出特点是将环境与发展作为同等重要的主题，在会议通过的《21 世纪议程》第 36 章"促进教育、公众意识和培训"，尤其与环境教育有关，它们同"国际环境教育研讨会（International Environmental Education Workshop）"（1975 年 10 月 13 日－22 日）及其通过的《贝尔格莱德宪章（Belgrade Charter）》和莫斯科"国际环境教育和培训大会（International Congress on Environmental Education and Training）"（1987 年 8 月 17 日－21 日）及其通过的《20 世纪 90 年代环境教育和培训领域国际行动战略》一起，构成了国际环境教育发展的重大里程碑。这是人类历史上关于环境与发展的第二座里程碑。

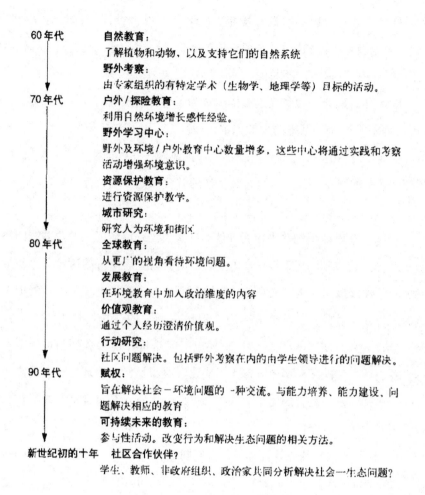

图 7 - 1 环境教育的主要趋势

注：引自 ［英］ Joy A. Palmer：《21 世纪的环境教育》，田青、刘丰译，中国轻工业出版社 2002 年版，第 27 页。

1993 年，为了普及、推进和落实可持续发展理念，联合国设置了可持续发展委员会。在可持续发展委员会的倡导和努力下，联合国教科文组织于 1994 年提出了"为了可持续性教育"的国际创意——"环境、人口和教育"计划。这一创意的提出使环境教育的内容更趋于综合性、系统性，其着眼点更注重人类社会的整体和谐发展。到 1995 年，此活动计划虽已结束，但国际环境教育事业并没有因此而终止，而是在可持续发展委员会的支持下继续开展国际环境教育。

2002 年，在南非约翰内斯堡举行的可持续发展世界首脑会议，有 190 多个政府，5000 多个非政府组织，2000 多个媒体组织与会，通过了《约翰内斯堡可持续发展宣言》和《可持续发展世界首脑会议执行计划》，对 1992 年世界环发大会以来的情况进行了回顾总结，会议评价在原有基础上进一步提高了全球的环保意识，进一步推动了可持续发展的全球行动。

从图 7 - 1 显示，国际环境教育的内容，经历了 60 年代的自然教育、70 年代的探险教育到 80 年代的发展教育和价值观教育，进入 20 世纪 90 年代以来的十几年，是国际环境教育发展史上特别重要的时期，从环境教育逐渐转向到可持续发展教育，在理论和实践两个方面都取得了丰硕成果，全面推进了全球范围环境教育的快速健康发展。

二、国内环境教育发展历程

我国的环境教育开展较晚，但经过 20 多年来的努力，环境教育已经有了显著进展，积累了不少经验，初步形成了一个多层次、多形式的具有中国特色的环境教育体系，环境教育已纳入国家教育计划的轨道，成为教育计划的一个有机组成部分。其发展过程经历了三个阶段。

（一）起步阶段（1973—1983 年）

1972 年 6 月，我国派代表团出席了联合国人类环境会议。从此把环境保护工作正式列入议程。1973 年召开了第一次全国环境保护会议，在这次会议上，第一次承认中国存在环境问题，并且还比较严重。会议审议通过了中国第一个全国性环境保护文件《关于保护和改善环境的若干规定（试行）》，这次会议之后，国务院设立了环境保护领导机构和办事机构。中国的第一次全国环保大会的主要成果在于提出了一个明确的指导思想，即中国的经济建设不能再走西方发达工业国家都经历过的"先污染，后治理"的道路。此次会议中也提出了对我国公民开展环境保护工作及进行环境教育的设想。这次会议不仅标志着我国环境保护事业起步和环境教育事业的开端，同时也为我国今后环境教育工作基本框架的形成奠定了基础。会议之后，环保工作开始受到关注，我国的环境保护工作开始起步。1981 年 2 月，国务院颁布的《关于在国民经济调整时期加强环境保护工作的决定》中明确指出："中小学要普及环境科学知识。大学和中等专业学校的理、工、农、医、经济、法律等专业，要设置环境保护课程。有条件的院校，应设置环境保护专业。"这表明环境保护和环境教育工作逐步被纳入到国民经济建设的中心视野中。在 20世纪 70 年代末 80 年代初逐渐在中小学课程中增加环境科学知识内容。

（二）发展阶段（1983—1991 年）

1983 年 12 月 31 日至 1984 年 1 月 7 日，在北京召开了第二次全国环境保护会议。这次会议是中国环境保护工作的一个转折点，为中国的环境保护事业做出了重要的历史贡献。在这次会议上宣布"环境保护是中国现代化建设中的一项战略任务，是一项基本国策"，从而确定了环境保护在社会主义现代化建设中的重要地位。国家教委在 1987 年颁布的教学大纲中强调小学和初中要通过相关学科教育和课外活动、开设讲座等形式进行能源、环保和生态的渗透教学，有条件地开设选修课。1989 年 12 月通过的《中华人民共和国环境保护法》对环境教育作出了规定。其第 5 条指出："国家鼓励环境保护科学教育事业的发展，加强环境保护科学技术的研究和开发，提高环境保护科学技术水平，普及环境保护的科学知识。"这部法律的颁布，明确了环境教育的法律地位和在环境保护事业中的重要作用。

（三）可持续发展阶段（1992 年至今）

1992 年世界环发大会后不久，同年 11 月，国家环保局和国家教委在苏州联合召开了第一次全国环境教育会议，这次会议宣布我国已经初步形成了具有中国特色的环境教育体系，提出了促进中国环境与发展的"十大对策"，其中之一为"加强环境教育，不断提高全民族的环境意识"。在 1994 年公布了《中国 21 世纪议程》，其第 6 章为"教育与可持续发展能力建设"，要求"加强对受教育者的可持续发展思想的灌输……将可持续发展思想贯穿于从初等到高等的整个教育过程中"。1995 年在北京召开环境教育先进单位、先进个人和优秀教材表彰大会，有力地推动了全国的环境教育工作。

与此同时，一些重要文件的颁布，也促进了我国环境教育事业的发展。1996 年，国家环保局、中共中央宣传部、国家教育委员会联合颁发《全国环境宣传教育行动纲要》，确立环境教育是环保、宣传、教育部门的一项重要任务，改变了过去环境教育只由环境保护部门执行的状况，对环境教育重新定位。2005 年 12 月 3 日通过了《国务院关于落实科学发展观加强环境保护的决定》，是环境保护发展史上一个新的里程碑。首次以政策性文件的形式确认环境文化和生态文明的地位，体现了环境教育与环境意识培养的权威性与全面性。2011 年 4 月 22 日，国家环保总局、中共中央宣传部、教育部颁布《全国环境宣传行动纲要（2011—2015 年)》，《纲要》指出："开展以弘扬生态文明为主题的环境宣传教育活动，推进全民环境宣传教育行动计划，引导公众积极参与支持环境保护，为'十二五'时期环境保护事业发展提供有力的舆论支持和文化氛围。"明确了环境宣传教育行动的总体目标和基本原则及具体措施，为更好地开展环境宣传工作指明了方向。

环境教育实践也取得了一系列成果。从 20 世纪 90 年代中期以来，国际组织和外国政府与我国政府和民间组织进行合作，开展了环境教育研究和培训，加强人员交流以及中小学环境保护活动，为我国环境教育注入了新的活力，使中国环境教育界与世界环境教育界联系得更加紧密。1996 年以后"绿色学校"的创建使我国环境教育进入了一个新阶段。1998 年世界银行在我国的环境支援项目——《中国高等环境教育发展战略研究》，在回顾和总结了我国高等环境教育发展历程的同时，提出了我国迈进 21 世纪的中国高等环境教育发展战略。这一战略对于全面加强中国高等环境教育的能力建设，在人类社会由传统发展模式向可持续发展战略过渡的关键时机，加快中国高等环境教育改革的步伐，逐渐缩短中国与发达国家在高等环境教育方面的差距，为我国以至全球的环境与发展事业培养高素质、高质量的具有综合分析问题和解决问题能力的环境专业人才提出了详细的解决方法和实施目标。

第三节　环境教育的重点方向与平台

一、我国公众环境意识现状

环境意识可以体现在三方面：环境科学知识、环境保护的价值观、环境保护参与意识。

（一）环境科学知识

环境科学知识是环境意识最基本最首要的要素，也是提高环境意识的基础。环境问题解决，很大程度上依赖环境科学知识和环境技术的发展。但是我们知道，知识的拥有和文化水平成正比，中国 8 亿多农民，他们对环保有朴素的感性认识，但短时内，全国公众达到拥有较多的环保知识是不现实的。国家环保总局 2001 年一项全国公众环境意识调查显示，环保知识人均得分仅 2.8 分（满分 13 分），其中，城市居民得分是农村居民得分的一倍。①
中国环境意识项目 2007 年全国公众环境意识调查报告显示，公众对环境科学
知识的实际知晓率偏低，认知广度较低。②

（二）环境保护的价值观

价值观是人们制定行为规范和自身行动的依据。环境保护是有成本的，
从不乱丢废弃物、用有成本的环保购物袋、企业排污的治理到生存与环保的
利益冲突等诸多方面，体现公众的价值观。相关的调查显示，就环境保护的
价值取向看，公众对环境保护的重要性、必要性、紧迫感有较高的认同，同
时也表现出较强的责任感。然而在保持经济发展、人们生活水平与环境保护
的关系方面，又表现出一定的功利性。③

（三）环境保护参与意识

环境保护参与意识，是掌握了一定的环境科学知识的人，发自内心的产
生环境保护的使命感和责任感，不仅能按环境保护的要求自觉调整自己，而
且能够监督他人。环境保护很大程度上依赖公众的参与。当今国际上常把
"公众参与"作为环保的重要对策。国家环保总局 2007 年全国公众环境意识
调查报告显示，公众实际采取的环保行为主要以能降低生活支出，或有益自
身健康的行为为主，而对于与降低生活支出或有益自身健康的行为无关，或
需要增加支出的环保行为则相对较少。④

我国从 1983 年宣布环境保护是"一项基本国策"以来，国家、企业和
个人在环境保护方面付出了很大的努力，从制度建设、环保投入、教育等方

---

① 杨明：《环境问题与环境意识》，华夏出版社 2002 年版。
② 中国环境意识项目主办：《2007 年全国公众环境意识调查报告》，载《世界环境》，2008
年第 2 期。
③ 中国环境意识项目主办：《2007 年全国公众环境意识调查报告》，载《世界环境》，2008
年第 2 期。
④ 中国环境意识项目主办：《2007 年全国公众环境意识调查报告》，载《世界环境》，2008
年第 2 期。

面做了许多富有成效的工作，公众的环境意识有了很大提高。但是，从具体实践看，人们的环境意识水平还远不能适应现代环境保护工作的要求。同样来自中国环境意识项目 2007 年全国公众环境意识调查报告数据，环保总体意识较低人群和较高人群，前者约占调查者总数的64%，后者约占36%，而且人们主动了解环保知识，主动维护环境保护的行为也较低。从生态文明意识调查看，2014 年环保部宣传教育司委托中国环境文化促进会进行了首次全国生态文明意识调查研究，数据显示，公众对生态文明的总体认同度、知晓度、践行度得分分别为 74.8 分、48.2 分、60.1 分（以百分制计算），呈现出"高认同、低认知、践行度不够"的特点。[①] 因此，增强公众环境意识，要从环境宣传教育、加强政府的引导和控制、采取积极有效措施提高公民的经济收入水平等多角度进行，其中教育是重要的方面。《全国环境宣传教育行动纲要》指出："我国环境教育的任务十分繁重，目前在总体上还不能完全满足现代化建设事业的要求。"[②] 观念的改变是长期的过程，影响的因素很多，环境教育任重道远。

二、环境教育的重点方向

从构建现代生态价值观和促进生态文明建设的需求出发，除了全面加强环境意识、知识、技能等方面的系统教育外，促进人们的价值观实现生态文明转向应是环境教育的主要任务。因此，从这种认识出发，作为提高生态价值观的重点，应重点强化环境危机、环境伦理、环境行为三方面的教育。

（一）环境危机意识教育

无论是学校的系统教育还是社会的实践教育，无论是国外教育还是国内

---

① 环保部：《全国生态文明意识调查研究报告》，载《中国环境报》，2014 年 3 月 24 日。
② 国家环保总局：《环境宣传教育文献选编》，中央文献出版社 2011 年版。

教育，环境科学知识、技能教育是环境教育的重点，相比之下，发展的危机教育、环境的危机教育则明显处于次要地位。这是因为，宣扬成就和技能是彰显人类自豪感的重要方面，征服自然是人类的最伟大成就，而渲染危机会造成人类心理的恐慌。因此，人类对危机的认识只有切实感觉到危机威胁到生存之时，才会引起注意和重视。

无论从全球范围看，还是从我国的现实情况看，虽然认识到了环境问题（污染和破坏）的严重性，但危机意识还是比较淡薄的。主要表现在：第一，对地球生态系统的变化缺乏明显的危机感。虽然近年来全球变暖已经引起了联合国等国际机构和某些国家的重视，但还没有形成共识，还仅仅停留在争吵阶段，行动的效果远远小于问题严重恶化所造成的影响。第二，多数人对生态环境问题的严重性认识不足，特别对全球性、全国性的生态环境问题如酸雨、荒漠化、森林危机、基因污染等知之甚少，对生态安全的重要意义认识肤浅，缺乏生态环境的危机感和生态责任感。第三，有些人或政府将生态环境问题看作是局部性的问题，缺乏整体观，因而导致环境的利己主义，忽视自己的行为对整体和他人危害的严重性。第四，对人类社会经济活动产生的环境危害缺乏深刻认识，更缺乏危机感。第五，对现实的环境问题存在幻想。认为环境问题是短期性的现象，可以通过技术进步在长期得到解决。在上述意识的指导下，全球、国家、地方、社区和个人的行动非常有限，无法遏制全球生态环境恶化的发展态势。

唤起人类的环境危机意识已经迫在眉睫。这是因为，科学研究和现实的自然环境演变的事实均表明人类居住的地球已经进入比较严重的危险状态：自然生态系统如湿地、森林、草原、海洋等生态系统正在发生剧烈变化，这些变化正在危害着人类以及自然界其他生物的生存环境；生物多样性已经并还在继续遭到严重的破坏，物质灭绝的速度前所未有；冰川正在消融，气温不断升高，海平面在上升；许多自然资源已经面临枯竭，并且自然资源的大规模开发已经严重威胁到局部和整体的生态平衡，这种态势还在继续；人类的不合理经济活动严重干扰了生态环境，已经到了无以复加的地步，但我们还没有觉醒，任由发展。要使人们充分认识上述问题的严重性，则必须进行环境危机意识教育，使人们认识到问题的重要性，形势的严峻性，如此才能促使人类转变观念，激励行动。

因此，从建立生态价值观的视角出发，必须加强下列几方面的危机教育：全球环境危机教育；资源危机教育；生产活动危害教育；消费的环境危害教育；人口膨胀的危害教育。从我国的情况看，有些教育已经融入到学校或社会的教育之中，如计划生育教育，可持续发展教育等。但是，即使这些教育，其效果仍是非常有限的。无论从我国发展的客观要求看，还是从全球的发展看，加强环境危机教育都是十分必要的，也是十分急迫的。

（二）环境伦理教育

环境伦理教育作为道德教育重要的组成部分，宗旨是帮助人们确立正确的环境道德观念、培养高尚的环境伦理道德情操、形成和提高环境道德品质。环境伦理教育还是使环境伦理道德由理念形态转化为现实形态，由德的内化转向德的外化，由自发、被动的道德"他律"，上升为自觉、主动的道德自律的由此达彼的桥梁和绿色通道。

人类赖以生存和发展的自然环境，具有公共产品的属性，因此，环境道德应属于"社会公德"层次，环境伦理教育也就是公德教育的重要环节。基于这一认识，可以认为，环境伦理道德的高下，是衡量完美人生和和谐社会的尺度之一，也是生态文明的重要标志。养成良好的环境道德行为习惯，维护人类可持续发展的良好环境，具有十分重要的意义。环境伦理教育的目的是引导人类社会建立科学的环境观、资源观、发展观、消费观和自身的再生产观。

无论从人类道德领域，还是从环境教育领域分析，无论从可持续发展战略角度，还是从人类世界观调整角度透视，环境伦理教育都势在必行。我国1996年推出的《全国环境宣传教育行动纲要》明确规定："环境教育内容包括：环境科学知识、环境法律法规知识和环境道德伦理知识"，将环境道德理论作为重要的环境教育内容。工业文明以来，人与自然的矛盾越来越尖锐，生态环境遭到破坏的趋势始终无法得到遏制，究其原因，就是人类社会在自我不断发展的进程中，道德观念出现了偏颇，只强调人际道德，弱化善待自然，忽视了其赖以生存的家园，将自然置于被奴役的地位这是环境伦理教育的客观基础。所以，从伦理道德层面重构人与自然的关系，是人类发展的必然选择。

伴随21世纪生态文明的到来，环境伦理教育必将成为一支主导力量，活跃于推进人与自然走向可持续发展的历史舞台。面对未来生态文明之大势，面对世界环境保护之大潮，面对我国经济社会发展和全面建设小康社会进程中的客观需求，确认环境伦理教育之地位，进而大力提高全民环境道德素质也就显得尤为重要和紧迫。在环境道德建设中，明确环境道德教育的目标、内容、途径与方法；在环境宣传教育中，突出环境伦理培育力度；在生态文明实践中，实施"从我做起，从现在做起"的道德践行。将环境伦理意识内化为人们的自觉。

（三）环境行为教育

仅有伦理教育和危机教育还不够，还应进行环境行为的教育。第一，行为准则教育，引导人们形成人与自然和谐的行为准则和道德规范，善待自然。第二，消费模式教育。必须进行绿色消费和清洁消费教育，引导消费者主动抵制过度消费的倾向，积极使用新型环保产品，通过合理消费减低对环境的危害。第三，节约利用资源的行为教育。我国资源的利用效率低下，有逐年下降的趋势。据有关资料，我国资源综合利用效率仅为33%，低于发达国家10个百分点。面对资源缺口日益加大和利用效率低下并存的现状，"节流"是至关重要的。一个人的力量虽小，但众人拾柴火焰高。在我们这样一个人口众多的国家，万众一心地节约资源、保护生态环境，效果是显而易见的。因此，提高资源利用效率，减少环境污染，在全社会进一步树立节约意识，建设资源节约型社会和环境友好型社会，是当务之急。第四，循环经济行为教育。通过教育宣传，引导社会自觉利用环境友好型的科学技术手段，引导企业自觉建立环境友好型的循环经济发展模式，形成资源循环利用的经济准则和体系。

三、实施环境教育的基本平台

实施学校、社会、家庭为平台的"三位一体"式环境教育，唤起人们对自然的"道德良知"和"生态良知"，重构人们的生态价值观，建立人与自然和谐的生态道德。

（一）学校为主导的系统性环境教育

学校是系统性环境教育的主要基地，以学校为平台，进行系统的环境教育，能够充分培养学生的环境伦理道德、环境保护意识、处理环境问题的能力，领悟生态知识，形成文明的生态价值观。

（1）构建环境教育体系。环境教育是一个系统工程，它所要完成的任务是使受教育者综合素质得到提高，其教育目标包括情感、认知和技能等。第一，应根据人的成长阶段设置相应的教育内容。幼儿环境教育是启蒙教育，应该重点强调情感和态度，而作为学前教育这一特殊阶段，则应该把情感目标放在首位。中小学阶段是学生成长的重要发展的阶段，应通过一系列的课程设置，进行环境意识、知识、态度、行为等方面的基础教育。大学阶段在进一步深化知识、态度等方面的教育外，应加强环境技能和行为方面的教育，提高学生的综合素质。

（2）形成系统的知识和态度。根据目前环境教育的现状，应完善目前的教育课程，增加环境科学、环境行为、环境道德等方面的课程设置。培养良好的环境态度，掌握比较系统的环境知识。通过学习应使学生掌握大气和宇宙、资源、动物与植物、生态系统、经济、能源等与环境有关的知识。在这方面，英国的探索是具有代表性的，也具有重要参考意义。英格兰的《国家课程》中对中小学的环境教育规定：教育学生理解周围环境所发生的各种自然过程、包括准则及已经存在的相互关系；认识人的生命和生活完全依赖于周围环境中的过程、资源和环境；了解人类活动对环境的影响；掌握一系列的环境技能；批判性地进行细致的观察、评价、解释和体验，客观地评价周围环境；认识过去和现在的环境及文化，了解感知环境的方式和环境相互影响的方式；理解环境问题和冲突，寻求解决的办法；了解依存关系，认识这些关系导致的后果和机遇；了解过去的经验与教训；认识自身的环境责任。

（3）重视课外活动，推动实践教育。环境教育是一种道德观的教育，是集综合性、科学性、德育性、实践性为一体的教育，因此其教育的方式方法也应该灵活多变。重视课外活动，让学生与环境零距离接触，亲身体验对形成较高的环境意识十分必要。环境教育的课外活动是课内教育的延伸和实施，首先要有总体规划和统筹安排，每一学年都应当制定本年度的环境教育活动计划，活动可分为定期和不定期活动。定期活动是学校特定安排的宣传、教育、比赛等以环境为主体的实践活动；不定期的活动主要是针对突发的环境事件、环境新闻或为协助某一社会环境活动而做出的活动安排。通过定期或不定期的课外教育活动可以有效地巩固学生的环保知识，提高他们保护环境、同破坏环境的行为做斗争的自觉性。

环境教育的体验地也应多种多样，不仅要让学生去风景秀丽的自然中感受其美丽与神奇，也要让学生去人类破坏严重的地方，亲身体验生态失衡对环境和对当地人生活的影响，然后，一起探讨问题发生的直接原因或社会背景。鼓励学生从事自然科学活动，培养学生探索自然的习惯，包括好奇心、兴趣、求知欲、对新奇事物的敏感、对真知灼见的执著追求，对发现、发明、革新、开拓、进取具有百折不挠的精神。

（4）建设"绿色学校"。"绿色学校"是 1994 年欧洲环境教育基金会（FEEE）首次提出了一项全欧"生态学校计划"（Eco – Schools），也称"绿色学校"计划。它是随着环境教育的深入，逐步从单一环境知识灌输，扩展到知识、意识、技能、态度、参与五个方面的目标，继而发展到融学校政策、管理、教学、生活为一体的全校性、综合化的"绿色学校"模式，就是用环境保护和环境教育的基本理念和标准来评定学校的各项工作。到 2001 年初，该计划已扩展至 21 个国家的近 6000 多所学校。我国 1996 年"绿色学校"的创建活动开始实施，国家环保总局和教育部在 2000 年 11 月首次表彰了全国 105 所"绿色学校"创建活动先进学校。创建"绿色学校"活动，不仅是学校实施素质教育培养学生环境意识的重要载体，也是新形势下环境教育的一种有效方式。

（二）社会为平台的实践环境教育

社会环境教育是环境教育的主要方面，实践教育应是重点。应通过人们从事的各种生产实践活动，进行环境实践教育，了解环境问题的状态、原因、趋势和解决途径，并且使受教育者了解自己的活动和行为对环境可能产生的影响。企业是进行实践教育最好的平台，其生产的任何过程和环节无不与环境有关系，因此，利用企业进行环境教育可使人们直接了解人与自然环境的关系，以及对环境的影响程度和途径。各种环保组织是环保的重要力量，对环保起积极的推动作用，据中华环保联合会 2008 发布的《中国环保民间组织发展状况蓝皮书》显示，我国有 3539 家环保民间组织。利用各种社会宣传渠道，进行新闻媒体的宣传，使生态问题成为人所共知、人人关注的问题，将资源紧缺、生态环境恶化、生态安全问题突出的情况详尽地报道

给公众，加深公众的生态保护意识，让他们切身感受到生态问题是关乎自身
发展与子孙长远利益的关键问题，使生态文明思想逐渐深入人心。

表 7 - 1　与环境有关的世界日

名称	日期	确定的时间
世界湿地日	2 月 2 日	1996
世界水日	3 月 22 日	1993
世界气象日	3 月 23 日	1960
世界地球日	4 月 22 日	1970
世界无烟日	5 月 31 日	1989
世界环境日	6 月 5 日	1972
世界海洋日	6 月 8 日	2009
世界防治荒漠化和干旱日	6 月 17 日	1995
世界人口日	7 月 11 日	1990
国际保护臭氧层日	9 月 16 日	1987
世界动物日	10 月 4 日	1931
世界粮食日	10 月 16 日	1981
国际生物多样性日	12 月 29 日	1995

（1）利用各种活动日开展生态环境意识教育。利用各种活动日开展环境
宣传活动，是提高全民环保意识的有效途径，是对学校教育的补充和强化。
一方面，利用各类活动日进行生态环境意识教育具有灵活性，体现在组织方
式的灵活性，可以由政府组织，也可以有社团组织，以及教育方式的灵活
性。另一方面，主题的选取上可以具有很强的针对性和实效性。目前与生态
环境有关的活动日如"世界环境日""植树节"等，在促进人们生态环境意
识和价值观形成中发挥了重要作用。世界环境日（6 月 5 日）是对全人类进
行环境宣传教育最具代表性的活动日。1972 年 10 月，第 27 届联合国大会通
过决议，将 6 月 5 日定为"世界环境日"，目的在于提醒全世界注意全球环
境状况和人类活动可能对环境造成的危害。自 20 世纪 70 年代开展"世界环

境日"宣传以来，每年确定一个主题，经过宣传和倡导活动，提高全人类对环境问题的关注。表7-2是历史上各个世界环境日确定的主题。

表7-2　"世界环境日"的主题

年份	活动日主题	年份	活动日主题
1974	只有一个地球	1994	一个地球，一个家庭
1975	人类居住	1995	创造更加美好的未来
1976	水：生命的重要源泉	1996	我们的地球、居住地、家园
1977	关注臭氧层破坏，水土流失	1997	为了地球上的生命
1978	没有破坏的发展	1998	拯救我们的海洋
1979	为了儿童和未来——没有破坏的发展	1999	拯救地球就是拯救未来
1980	新的十年，新的挑战——没有破坏的发展	2000	行动起来吧！
1981	保护地下水和人类的食物链	2001	世间万物，生命之网
1982	提高环境意识	2002	使地球充满生机
1983	管理和处置有害废弃物，防治酸雨破坏和提高能源利用率	2003	水——二十亿人生命之所系
1984	沙漠化	2004	海洋存亡，匹夫有责
1985	青年、人口、环境	2005	营造绿色城市，呵护地球家园
1986	环境与和平	2006	莫使旱地变为沙漠
1987	环境与居住	2007	冰川消融，后果堪忧
1988	保护环境、持续发展、公众参与	2008	促进低碳经济
1989	警惕全球变暖	2009	你的地球需要你
1990	儿童与环境	2010	多样的物种·唯一的星球·共同的未来
1991	气候变化需要全球合作	2011	森林：大自然为您效劳
1992	一个地球——齐关心，共分享	2012	绿色经济：你参与了吗？
1993	贫穷与环境——摆脱恶性循环	2013	思前·食后·厉行节约

续表

年份	活动日主题	年份	活动日主题
2014	提高你的呼声，而不是海平面	2016	为生命呐喊
2015	七十亿人的梦想：一个星球，关爱型消费	2017	人与自然，相联相生

（2）通过各种公共活动进行生态环境宣传教育。大型的公共活动进行宣传，具有较好的示范效应。利用大型的体育活动、展销活动、文艺活动、集会活动等公共活动，进行绿色消费教育、节约教育、环保教育，可以起到广泛的环境教育的目的。

（3）企业的生产实践教育。企业是物质生产的承担者，直接消耗自然界的各种生态资源，自身就对环境产生直接的影响。另一方面，从事生产的劳动者，其从生产过程中形成了对生产与环境关系的认识，进而影响其生态价值观。所以，用绿色的理念和方式或用环境友好的理念和方式进行生产的企业，其劳动者也会具有良好的生态环境意识，对提高公民的环境意识会发挥积极的导向作用。另外，其生产的绿色产品，对消费也具有引导作用。在倡导生态文明的今天，必须加强企业的绿色生产和循环经济生产，以此为基础的实践环境教育，更能使人们的环境意识从理念走向行动。

（4）媒体的经常性宣传是环境教育的有效手段。人类进入信息化时代以来，信息的传播迅速扩大，影响范围不断开展，因此，利用媒介进行经常性的环境宣传和教育，可以形成广泛的社会效果，有效提高人们的环境意识，形成环境友好的行为规范。

（5）社区是社会环境教育的基本平台。与企业一样，社区是人们活动的基本单元。加强社区的环境教育和环境行为的规范，可以提高居民的环境意识，规范居民的环境行为。如垃圾分类和环保购物袋使用的教育与实施是社区实施环境教育较好的方式，也最易于形成长期性的制度。从源头上抑制人类活动对环境的影响。此外，社区环境的营造既是构建生态环境的有机组成部分，也是环境教育最好的课堂。

从保护环境的角度看，社区是实施环境教育的基础。重视社区的环境教育和环境管理是社会生态文明发展的基础。只有每个社区的环境优美了，整个社会的生态文明也就进步了。从我国的生态文明建设的可行性看，以社区为基本单元进行生态环境教育，是最有效的途径，也是建设生态文明的最有效措施。

(三) 家庭为单元的生活环境教育

家庭作为社会最小的单位，是由公众群体组成的最小组织，在环境教育中起基础作用。发挥家庭教育的基础性作用，主要是依靠良好的家庭环境行为，进行生活行为、消费行为的教育，可以养成良好的环境意识、行为、情感和态度，形成不破坏环境的意识以及不浪费的生活习惯。

(1) 家庭的绿色消费教育。家庭是社会的最基本单元，其行为的一般性规律即反映社会的普遍现象。为了促进全社会生态文明氛围的形成，进行家庭绿色消费教育应是最基本的途径，是环境友好型社会形成的基础，也是构建现代生态价值观的重要途径。因此，必须倡导家庭的绿色消费，多使用环境友好型的产品，尽量减少使用危害环境的产品，形成绿色的消费观念。从西方发达国家的发展态势看，倡导家庭绿色消费已经成为一种趋势，如环保家电、环保汽车等。

(2) 家庭节约消费教育。在工业品越来越多和越来越廉价的现代社会，无论是发达国家的居民还是发展中国家的居民，无论是富人还是穷人，均有能力消费现代工业所生产的产品，只不过消费的规模不同罢了。但是，现代工业产品均是以消耗自然资源或生态资源为代价的。所以，消费就意味着对生态环境产生影响。因此，必须倡导节约消费，进行节约教育，在满足基本需求的基础上，尽量减少对工业品和资源的消费，形成节约的意识。要实现这一目标，以家庭进行教育是非常必要的。从现实社会看，在经济学、社会学等理论的推动下，助长了人类的贪欲，对环境产生了前所未有的影响和破坏。

（3）家庭环境行为教育。重点是对儿童进行环境情感教育，如不乱丢垃圾、不破坏环境、不伤害动物等良好的环境行为，提醒随时随地都要保护环境，爱护环境。家庭中的环境对于孩子来说都是再熟悉不过的了，他们更能积极、自主的实践中的环保行为，潜移默化形成利于生态文明建设的行为习惯和价值取向。

第八章　生态价值观与中国经济发展

生态价值观的变化直接决定影响着经济发展与生态环境之间关系。改革开放40年来，我国经济发展取得了世界瞩目的成就，无论是总量规模，还是经济结构，或是经济布局，都发生了巨大变化。这些变化，直接导致了我国国土范围内人与自然环境的巨大变化，也导致了生态价值观的调整与转变。透视我国不同时期经济发展过程中的生态价值观，可以深入认识我国经济发展和增长方式转变的基本国情基础，以及生态环境问题出现的主要原因。

第一节　生态环境意识与经济发展关系

一、计划经济时期生态环境意识与经济发展

（一）经济发展的生态环境意识相对淡薄

新中国建立伊始，就确立了工业立国、实现工业化的发展战略，从国家制定的"一五"计划开始，一直到改革开放前的"五五"计划，均以扩大经济规模、加强工农业建设为核心内容。

受当时人们认识的局限性，无论是国家还是普通居民，经济发展过程中的生态环境意识相对是比较淡薄的，对经济发展与生态环境间的协调关系重视不够，体现的是传统生态价值观的特征。其一，片面强调经济发展，忽视社会发展和生态环境保护，国家计划的名称就叫作"国民经济发展计划"，没有将经济发展与生态环境协调起来，也没有将经济发展与社会发展协调起来。其二，生态环境保护的意识不强，缺乏相对完善的机制与体制。与生态环境密切相关的林业、农业、渔业等管理部门，也以部门的生产为主，生态环境保护被放到次要位置。其三，用于生态环境保护的经济与社会资源匮乏。

直到 20 世纪 70 年代初，国家才开始意识到生态环境保护的重要性，生态意识逐步加强，开始成立相应的部门或强化既有部门的生态环境保护工作。例如，1973 年国家开始重视环境保护工作，召开了第一次全国环保工作会议，设立了国务院环境保护领导小组办公室，配置了相应的管理和研究力量对全国的环境进行管理。

（二）生态要素的资源意识强烈

"地大物博"是这一时期国民宣传的主要口号，形成了物产丰富的观念。在这一观念下，为了实现经济的快速增长，片面强调生态要素的资源价值和经济价值，对保持生态系统的稳定性和持续性认识不够，对资源进行盲目的开发和利用。最突出的是对森林资源的开发和土地资源的开垦，前者导致了森林生态系统的退化，后者导致了草原、湿地的锐减和生态系统功能的变化。

（三）单一性的工农业发展是生态环境影响的主要因素

这一时期，对我国生态环境影响比较大的是工农业发展。20 世纪 50 年代初我国实施了以"156"工程为核心的工业发展计划，50 年代末和 60 年代实施了以"超英""赶美"的大炼钢铁的大跃进式工业化计划，1960 年代中期至 1970 年代末期实施了以"三线建设"为主的工业发展计划。这些工业发展计划，一方面奠定了我国工业的基础，提升了我国的综合国力，为改革开放以后工业的发展准备了条件。但另一方面，由于工业发展体现的是"高投入低产出"的发展特征，只追求生产，没有建设必要的设施对三废进行处理，导致了污染问题的出现并呈加重态势。同时，"三线建设"中，由于许多工业企业建在生态环境脆弱的山区，对当地的生态环境也产生了一定的影响。据统计，直到改革开放初期的 1981 年，我国工业废水的处理率只有15%，工业粉尘回收率只有 6.7%，固体废弃物的综合利用率只有 19.3%。这些数字表明，工业的三废主要靠自然净化。

农业发展也是这一时期引起生态环境变化的主要因素。一是耕地面积的扩大导致了局部生态环境的变化，如毁林开荒，围湖造田等。二是农业水利设施建设，改变了流域系统的生态环境。三是大量使用化肥、农药，造成了土壤肥力下降。

（四）能源与矿产资源的开发对生态环境的影响加重

能源与矿产资源的开发也是这一时期引起生态环境变化的原因之一。据统计，1952—1975 年间，煤炭年产量由 4710 万吨标准煤持续增加到 34420 万吨标准煤，增加了 6.3 倍。煤炭资源的开发和产量的持续增长，引起了煤炭产区的一系列生态环境破坏，一是地面沉降，二是地表生态破坏，三是水环境破坏，四是煤矸石等废弃物的堆放对地表生态的破坏。另一方面，由于这一时期我国的能源以煤为主，同时煤炭的质量较差，动力煤实际灰分为 27%左右，煤炭储量中全硫平均含量在 1.1%—1.2%（表 8-1），煤烟型大气污染严重。但相应地，由于环境意识薄弱，防治措施有限。

表 8 - 1　我国的能源与煤炭生产总量及构成变化

年份	能源生产总量 （万吨标准煤）	原煤产量 （万吨标准煤）	原煤占能源生产总量 的比重（％）
1952	4871	4710	96.7
1962	17185	15707	91.4
1970	30990	25288	81.6
1975	48754	34420	70.6

注：根据统计年鉴整理。

　　这一时期对矿产资源的开发规模相对有限，主要集中在铁矿石和有色金属，建材资源的开采方面，由于量相对较少，对区域生态环境的影响是有限的。

　　总体上看，计划经济时期，以追求增长为唯一目标，即"增长第一战略"。竭力追求经济增长速度，经济发展上形成"高投入低产出"，效益差，生态环境意识淡薄，生态环境问题无暇顾及。长期发展的积累，虽然经济发展取得了较大成就，但是经济发展与生态环境间的矛盾逐渐尖锐。但是这一时期由于经济规模有限，对生态环境的影响还不十分突出，经济活动对生态环境的影响主要集中在生态方面，环境污染等问题相对而言还不严重，城市污染主要集中在部分重工业城市。对生态方面的影响主要体现在生态系统的退化，其原因是农业不合理的开发和耕作模式，以及对森林等资源的滥砍、滥伐。据统计，20世纪50年代到80年代初期，我国水土流失面积从150万平方公里增加到194万平方公里。据水利部全国第二次土壤侵蚀遥感调查，20世纪90年代末全国水土流失总面积356万平方公里。沙漠化面积从1950年代末的6700万公顷扩展到13000万公顷，全国沙漠、戈壁及沙化土地150万平方公里，占全国国土面积的15.6％。大兴安岭的森林覆盖率由解放初的

71%，减少到 1970 年代末期的 57%。[①]

二、改革开放时期生态环境意识与经济发展

（一）生态环境管理意识加强

改革开放后，经济迅速发展，协调经济与生态环境间的关系显得越来越重要和急迫。国家管理层面对生态环境的保护越来越重视，强化生态环境管理的意识逐步强化。1983 年召开第二次环保会议，提出了"经济建设、城乡建设和环境建设要同步规划、同步实施、同步发展，做到经济效益、社会效益和环境效益的统一"的"三同时"指导方针。

各类相关法律法规的制定与颁布实施是我国生态环境管理意识增强的主要标志。自 1980 年代始，我国先后制定颁布了数十部保护环境、防治污染和规范资源开发的有关法律，使生态环境的治理、保护从以前的无法可依状态向有法可依转变。

（二）生态环境保护行动滞后

"六五"到"八五"计划时期，是我国将环境保护目标纳入国家计划、使环境保护目标得以逐步实施的历史时期，但并没有提出定量的生态环境保护指标。

"六五"计划首次提出了我国生态环境保护目标，把环境保护纳入国民经济社会发展计划，1983 年我国宣布环境保护为基本国策，提出了"三同时"的环境保护指导方针。但这一时期并没有设定具体的生态环境保护指标。而且，由于计划中的环境指标没有落实到各工业部门和地方政府的年度计划中，环保投资没纳入国家财政计划，"六五"计划环保目标未能实现。

---

① 刘广运：《努力改善生态环境，促进国民经济持续发展》，载《中国林业》，1998 年第 1 期。

所以这一时期体现的是"意识先于行动，规范先于规定"的生态环境保护的特征。

"七五"计划的生态环境保护目标初步体现了国家环境保护的指导方针。相对于"六五"计划，国家"七五"计划环境目标更具体，对部分计划指标进行了量化，增强了计划的可比性和可操作性。其中生态环境保护目标是"改善生态环境"。许多省市地区"七五"计划中也首次列入了环境保护内容。但是，这一时期体现的是"行动脱节于意识，规定未转变为行动"的生态环境保护特征。

"八五"计划将环境保护目标纳入了国民经济计划体系，专列了环保篇章；并要求各级地方政府和各部门，在编制本地区、本部门、本行业的"八五"计划中，都要列入环保的内容。同时，还编制了国家环境保护"八五"专项计划。但生态环境恶化的趋势并没有得到遏制，体现的是"有规定也有行动，但结果远离期望"的生态环境保护特征，意识与行动间存在明显的差距。

"九五"计划生态环境保护目标开始有定量化指标。生态保护目标为：生态破坏加剧的趋势得到基本控制、保护国土生态环境、大力发展生态农业和加快水土流失地区综合治理和森林植被恢复发展。其中的两项定量化生态指标：2000年，城市绿化覆盖率27%，森林覆盖率达到15.5%。20世纪90年代，生态环境保护意识与行动之间的关系，可以描述为"有规定、有行动、也有效果，但结果远离期望"，意识与行动之间仍然存在明显的差距。

表8-2　全国各个五年计划环境保护目标（1981—2000）

时期	国家生态环境保护目标
"六五"计划（1981—1985）	制止对自然环境的破坏，努力控制生态环境的继续恶化。

续表

时期	国家生态环境保护目标
"七五"计划（1986—1990）	改善生态环境。
"八五"计划（1991—1996）	加快自然保护区的规划和建设，建成一批国家级重点自然保护区；有步骤复垦工矿废弃地；继续搞好环保示范工程和生态农业试点；进一步搞好水土保持，努力提高土壤肥力，防止土地沙化，保护森林和草原植被。
"九五"计划（1996—2000）	力争使环境污染和生态破坏加剧的趋势得到基本控制，部分城市和地区的环境质量有所改善。 保护国土生态环境，大力发展生态农业。加快水土流失地区综合治理和森林植被恢复发展，2000年森林覆盖率达 15.5%。

（三）"经济至上"观念占主导地位

虽然国家管理的生态环境意识在不断强化，建立机构、制定法律，出台措施，力图保护生态环境。但是，改革开放以后，一直到 20 世纪末期，我国从国家意志到民众的社会经济行为方面，均是以追求经济增长为首要目标，无论是战略、措施，或是手段，其追求经济增长的愿望，远较计划经济时期的"增长第一战略"强烈的多。从中央到地方，形成了"经济发展是硬道理"的认识和观念，工作的重心和中心是促进 GDP 规模的扩大和速度的增长，其他工作都围绕"经济建设"这一中心展开。这种经济至上主义的思想观念持续了 20 年，到 21 世纪初才开始转变。以林业为例，从观念上，经历了森林是产业体系到生态体系再到今天的文化体系的变化。计划经济时代，缺乏生态意识，仅重视森林的产业价值，实施的是"重采轻育"的政策，加之国家建设对木材的需求量大，采取的是数量扩张的经济发展模式。到 20世纪 80 年代初期，才重视环境问题，生态价值观发生转变，为林业的可持续发展提供了保障。

总的来看，虽然国家也重视生态环境问题，但这一时期的生态环境意识是以经济建设为核心的；虽然认为发达国家"先污染后治理"的发展道路是不可取的，需要汲取经验教训，但在实际发展中，仍然步了发达国家的后尘，污染治理投入非常有限，治理能力远小于排放量，形成了生态环境污染迅速加重的态势，经济发展与生态环境保护间形成了尖锐的矛盾。

（四）生态环境恶化

经济规模的迅速扩大和不合理的经济增长方式是导致生态环境迅速恶化的主要因素。经济的高速发展迅速提高了我国的综合实力，但从经济发展与生态环境间的演变关系分析，经济的高速增长迅速改变了二者间的关系，从以往社会经济发展中的经济结构问题、经济与社会发展关系问题，演化为经济发展与生态环境失衡的问题。

（1）资源开发与污染双重增长。物质生产规模的迅速扩大，一方面需要消耗大量的自然资源，另一方面排放量也迅速增加，对生态环境产生双重影响。例如，有关资料表明，据统计，2000 年我国的 GDP 总量比 1978 年增加了 6.3 倍；1980 年—2000 年我国累计的煤炭产量是改革开放前 30 年总产量的 2 倍；1998 年工业废水的排放量 200 亿吨，工业污水中的 COD（化学需氧量）排放量达 806 万吨，二氧化硫排放量 1593 万吨，工业固体废弃物排放量 7048 万吨，生活污水排放量为 195 亿吨。

（2）环境污染演变为全国性的问题，形成了非常严峻的形势。一是由单纯的工业污染过渡到工业和生活污染并存。我国工业污染迅速加重，而同时，随着城市特别是大城市的发展及生活水平的提高，生活污染物排放总量占排放总量的比率迅速上升，1998 年全国垃圾清运量达到 14223 万吨，有70% 的城市被"垃圾山"包围；二是水体污染由工业污染到工业、农业复合污染。20 世纪 90 年代以前，我国水体主要污染指标是工业排放有毒污水引起生物耗氧量的增加，而到 20 世纪末由于化肥、农药和农用化学物质的大量使用，水体中氨氮、磷及高锰酸钾和挥发酚等不断累积，水体富营养化日趋严重。以太湖为例，1987—1988 年间太湖沿岸 21.7 万公顷农田向太湖排放的氮为 470.2 万公斤/年，磷为 8.43 万公斤/年。太湖周围地区氮素化肥使用量每年高达 525—600 公斤/公顷，大大超过国际公认的安全上限的 225 公斤/公顷。[①]

（3）生态和环境问题由局部扩展到更大范围，由流域的一部分扩展到全流域。最主要的原因是由于森林植被破坏、土地退化、生物多样性减少等，使大范围的生态平衡失调。主要表现在黄河、长江两大流域。长江上中游地区由于大面积的森林砍伐、过度放牧和围湖造田，致使长江含沙量不断增加，河流淤积，洪涝灾害加剧，造成了 1998 年长江流域"中流量、高水位、大灾害"的特大洪水灾害。据有关部门的观测统计，70% 的水体被污染，40% 的水已经丧失正常的功能。[②] 全国主要流域（水系）63.1% 的河段水质为 IV 类、V 类或劣 V 类，失去了饮用水的功能（表 8-3）；汽车尾气污染与铅排放等问题在一些大中城市日益突出，成为北京、广州、上海、武汉、杭州、合肥、大连、深圳、珠海等城市的主要污染物。城市垃圾量每年约以 15% 的速度增加，围城影响愈来愈明显。全国农田遭受污染的面积高达 1.5 亿亩，每年因此损失粮食达 120 亿公斤。

表 8-3 1995 年七大江河水环境状况（水质河段占水系的百分比）

水系/水质	I、II 类	III 类	IV、V 类
长江	45	31	24
黄河	5	35	60
珠江	31	47	22
淮河	27	22	51

① 李荣刚等：《江苏太湖地区水污染物及其向水体的排放量》，载《湖泊科学》，2000 年第 2 期。

② 伍新木：《水资源的资产化、资本化与产业化》，载《光明日报》，2008 年 7 月 20 日。

水系/水质	I、II 类	III 类	IV、V 类
松花江、辽河	4	29	67
海河	42	17	41

注：根据环境统计年鉴整理。

环境污染加剧造成的经济损失也是惊人的。根据国内开展的有关环境经济损失方面的研究显示：20 世纪 80 年代到 90 年代初，全国每年由于水体污染造成的损失为 400 亿元左右，大气污染造成的经济损失 300 亿元左右，固体废弃物和农药等污染导致的经济损失 200 亿元左右，三项合计 900 亿元以上，约占 GNP 的 6.75%。据国家环保总局和国家统计局联合发布的《中国绿色国民经济核算研究报告 2004》报告，2004 年全国因环境污染造成的经济损失为 5118 亿元，占当年 GDP 的 3.05%，其中，水污染的环境成本为 2862.8 亿元，占总成本的 55.9%，大气污染的环境成本为 2198.0 亿元，占总成本的 42.9%；固体废物和污染事故造成的经济损失 57.4 亿元，占总成本的 1.2%。

三、科学发展观下的生态环境意识与经济发展

（一）建设生态文明成为行动纲领

生态环境的严峻态势，经济发展与生态环境间的尖锐矛盾，使得我们不得不在价值观上进行思考，调整和改变我们的行为。遏制这种趋势，必须从战略高度上认识生态环境问题。2003 年 10 月召开的中国共产党十六届三中全会提出了科学发展观，并把它的基本内涵概括为"坚持以人为本，树立全面、协调、可持续的发展观，促进经济社会和人的全面发展"，坚持"统筹

城乡发展、统筹区域发展、统筹经济社会发展、统筹人与自然和谐发展、统筹国内发展和对外开放的要求"。科学发展观的理论核心，有两条基础主线：其一，努力把握人与自然之间关系的平衡，寻求人与自然的和谐发展及其关系的合理性存在。其二，努力实现人与人之间关系的协调。通过舆论引导、伦理规范、道德感召等人类意识的觉醒和法制约束、社会有序、文化导向等人类活动的有效组织，逐步达到人与人之间关系的调适与公正。科学发展观始终强调"人口、资源、生态环境与经济发展"的强力协调，从而成为解决人与自然之间和人与人之间关系的指导理论。不仅如此，党的十七大提出了明确的行动纲领，十七大报告首次提出"建设生态文明，基本形成节约能源资源和保护生态环境的产业结构、增长方式、消费模式"。从国家层面首次将生态文明提到了与物质文明、精神文明、政治文明同样的战略高度，成为指导国家行动的纲领，这标志着发展观的转变和现代生态价值观开始建立。

（二）生态环境建设目标和任务的具体化

"十五"规划中生态保护重点是加强生态建设保护治理环境。提出加强生态建设，遏制生态恶化，加大环境保护和治理力度，提高城乡环境质量。加强生态建设的具体目标是：实施重点地区生态环境建设综合治理工程、天然林保护工程、退耕还林还草工程、草地治理工程、野生动物及其栖息地保护建设工程等为总目标，并设定了两项生态治理指标：新增治理水土流失面积 2500 万公顷，治理"三化"草地面积 1650 万公顷。

"十一五"规划中生态保护强调"以预防为主"保护修复自然生态。"十一五"规划生态保护目标：生态环境恶化趋势基本遏制，保护修复自然生态。生态保护和建设的重点从事后治理向事前保护转变，从人工建设为主向自然恢复为主转变，从源头上扭转生态恶化趋势。规划了生态保护重点工程 10 项，环境治理重点工程 5 项。

（1）环境保护计划和生态保护专项规划目标。为落实国家五年计划中提出的环境保护目标，"九五"、"十五"都制定了环境保护规划，将五年规划目标具体化，并提出实现目标的政策措施；为实现重点目标突破，"十五"制定了生态建设和环境保护重点专项规划，提出重点目标和政策措施；"十一五"规划进一步根据"十一五"规划的生态保护目标，不仅制定了"十一五"生态保护专项规划，提出了生态保护具体目标和政策措施，而且环境保护专项计划和生态保护规划都规定了相应的定量化指标（表8-4）。

表8-4　全国主要五年计划中的环境保护目标（1996—2010）

时间	生态环境保护目标	主要任务与详细指标
"十五"规划（2001—2005）	要把改善生态、保护环境作为经济发展和提高人民生活质量的重要内容，加强生态建设，遏制生态恶化，加大环境保护和治理力度，提高城乡环境质量。	组织实施重点地区生态环境建设综合治理工程，天然林保护工程，以及退耕还林还草工程。在过牧地区实行退牧，封地育草。加快小流域治理，减少水土流失。加快矿山生态恢复与治理。继续建设"三北"、沿海、珠江等防护林体系，保护珍稀、濒危生物资源和湿地资源，实施野生动物及其栖息地保护建设工程，恢复生态功能和生物多样性。新增治理水土流失面积2500万公顷，治理"三化"草地面积1650万公顷。
"十一五"规划（2006—2010）	可持续发展能力增强。生态环境恶化趋势基本遏制，森林覆盖率达到20%。	保护修复自然生态。生态保护和建设的重点要从事后治理向事前保护转变，从人工建设为主向自然恢复为主转变，从源头上扭转生态恶化趋势。规划了生态保护重点工程10项，环境治理重点工程5项。

（2）中长期生态保护规划和纲要目标。"九五"时期，我国不仅在五年规划中提出生态环境保护目标，在环境保护计划和专项规划中提出了生态环境保护具体目标，而且制定了具有战略指导意义的陆地和水域中、长期生态环境保护目标。如《全国生态环境建设规划》《全国生态环境保护纲要》《中国自然保护区发展规划纲要》《水生生物资源养护行动规划纲要》等。

1999 年 1 月国务院通过的《全国生态环境建设规划》（表 8 - 5），对全国陆地生态环境建设的重要方面进行了规划，主要包括：天然林等自然资源保护、植树种草、水土保持、防治荒漠化、草原建设、生态农业等规划，是国家制定的具有长期指导作用的规划，并纳入了国民经济和社会发展计划。规划提出了我国近期（2010 年）、中期（2030 年）和远期（2050 年）的生态环境保护目标，并分别提出了要实现的定量化指标。

表 8 - 5 《全国生态环境建设规划》中的生态保护目标

时间	生态环境保护目标
近期（1999 - 2010）	从现在起到 2010 年，用大约 12 年的时间，坚决控制住人为因素产生新的水土流失，努力遏制荒漠化的发展。生态环境特别恶劣的黄河长江上中游水土流失重点地区以及严重荒漠化地区的治理初见成效。
中期（2011 - 2030）	从 2011 - 2030 年，在遏制生态环境恶化的势头之后，大约用 20 年的时间，力争使全国生态环境明显改观。
远期（2031 - 2050）	从 2031 - 2050 年，再奋斗 20 年，全国建立起基本适应可持续发展的良性生态系统。

2000 年 11 月 26 日国务院颁布《全国生态环境保护纲要》，要求各地区、各有关部门根据纲要，积极采取措施，加大生态环境保护工作力度，扭转生态环境恶化趋势。纲要提出了我国生态环境保护总目标以及近期（2010 年）和远期目标（2030 年），是我国生态环境保护的纲领性文件（表 8 -6）。

表 8 -6 《全国生态环境保护纲要》中的生态保护目标

项目	目标
总目标	通过生态环境保护，遏制生态环境破坏，减轻自然灾害的危害；促进自然资源的合理、科学利用，实现自然生态系统良性循环；维护国家生态环境安全，确保国民经济和社会的可持续发展。

项目	目标
近期（2010年）	到2010年，基本遏制生态环境破坏趋势。全国部分县（市、区）基本实现秀美山川、自然生态系统良性循环。
远期（2030年）	到2030年，全面遏制生态环境恶化的趋势，使重要生态功能区、物种丰富区和重点资源开发区的生态环境得到有效保护，部分重要生态系统得到重建与恢复；全国50%的县（市、区）实现秀美山川、自然生态系统良性循环。 到2050年，力争全国生态环境得到全面改善，实现城乡环境清洁和自然生态系统良性循环，全国大部分地区实现秀美山川的宏伟目标。

总结21世纪以来我国生态环境保护意识与行动间的关系，可以概括为"有规定、有行动、有措施、有效果，但结果与期望差距巨大，我们的'生态方舟'仍超重前行"。

（三）生态经济、循环经济和清洁生产成为经济发展的理念

在科学发展观的指导下，国家开始思考用整体、协调、循环的原则和机制调整产业结构、增长模式和消费方式，从征服型、污染型、破坏型向和谐型、恢复型、建设型生态价值观转变，强调人与自然、人与人以及代际之间的公平性。那种以人类为中心或者以"我"为中心的狭隘的发展理念，甚至是为了发展"可以适当破坏一下自然"的做法正在被抛弃。

在经济发展领域，开始形成如下发展理念或模式。一是生态经济的理念或模式，二是循环经济，三是清洁生产。这些理念与生产方式正在形成之中。

四、新时代生态文明建设与经济发展

（一）"五位一体"总布局与绿色发展理念的提出

党的十八大将建设中国特色社会主义事业总体布局由以前的经济建设、政治建设、文化建设、社会建设"四位一体"拓展为包括生态文明建设的"五位一体"，标志我国生态文明建设进入新阶段。建设生态文明，是关系人民福祉、关乎民族未来的长远大计。面对资源约束趋紧、环境污染严重、生态系统退化的严峻形势，必须树立尊重自然、顺应自然、保护自然的生态文明理念，把生态文明建设放在突出地位，融入经济建设、政治建设、文化建设、社会建设各方面和全过程，努力建设美丽中国，实现中华民族永续发展。十九大报告在"五位一体"总布局的基础上，提出了"创新、协调、绿色、共享、开放"新的发展理念。提出了"必须树立和践行绿水青山就是金山银山的理念，坚持节约资源和保护环境的基本国策，像对待生命一样对待生态环境，统筹山水林田湖草系统治理，实行最严格的生态环境保护制度，形成绿色发展方式和生活方式，坚定走生产发展、生活富裕、生态良好的文明发展道路，建设美丽中国，为人民创造良好生产生活环境，为全球生态安全做出贡献"。"十三五"规划首次提出"绿色"的发展理念，把生态文明建设作为我国经济社会发展的要义。

绿色发展成为时代的主题。绿色生产和消费的法律制度和政策、绿色低碳循环发展的经济体系、绿色技术创新体系、推进资源全面节约和循环利用成为经济社会发展的方向，简约适度、绿色低碳的生活方式将是未来的行动。

（二）环境立法不断完善

我国环境立法涉及的范围不断扩展，各项制度空白被加速填补。近十年来修订完成了第二代环保基本法，首次引入了生态文明建设和可持续发展的立法理念，确立了保护优先、预防为主、综合治理、损害担责的基本原则，相继修订了大气污染防治法、水污染防治法、海洋环境保护法等专门法律，逐步搭建起环境保护法律的坚实体系。推动绿色发展立法，鼓励多方主体参与。通过法律手段塑造全社会绿色、低碳、循环的生产生活方式，是我国生态文明法治建设的终极目标。我国在节能、减排、降碳的低碳经济法律制度也在不断完善。此外，环境司法专门化水平不断提高，环境行政执法与环保督查的强化，对于解决市场失灵与政府失灵问题起到了至关重要的作用。

（三）生态环境建设目标和任务进一步具体化

"十二五"规划以绿色发展、建设资源节约型和环境友好型社会为目标，确立了积极应对全球气候变化、加强资源节约和管理、大力发展循环经济、加大环境保护力度、促进生态保护和修复、加强水利和防灾减灾体系建设等一系列目标与任务。

"十三五"规划以提高环境质量为核心、以解决生态环境领域突出问题为重点，确立了加大生态环境保护力度、加快改善生态环境、推进中国美丽建设的目标。在加快建设主体功能区、推进资源节约集约利用、加大环境综合治理力度、加强生态保护修复、积极应对全球气候变化、健全生态安全保障机制、发展绿色环保产业等领域明确了一系列任务。表 8 - 7 是 2015 年 4 月中共中央国务院发布的《关于加快推进生态文明建设的意见》中的目标与愿景。

表8-7 《加快推进生态文明建设的意见》中的目标与愿景

项目	愿景
总目标	到2020年，资源节约型和环境友好型社会建设取得重大进展，主体功能区布局基本形成，经济发展质量和效益显著提高，生态文明主流价值观在全社会得到推行，生态文明建设水平与全面建成小康社会目标相适应
国土空间开发格局	经济、人口布局向均衡方向发展，陆海空间开发强度、城市空间规模得到有效控制，城乡结构和空间布局明显优化
资源利用	单位国内生产总值二氧化碳排放强度比2005年下降40%—45%，能源消耗强度持续下降，资源产出率大幅提高，用水总量力争控制在6700亿立方米以内，万元工业增加值用水量降低到65立方米以下，农田灌溉水有效利用系数提高到0.55以上，非化石能源占一次能源消费比重达到15%左右
生态环境质量	主要污染物排放总量继续减少，大气环境质量、重点流域和近岸海域水环境质量得到改善，重要江河湖泊水功能区水质达标率提高到80%以上，饮用水安全保障水平持续提升，土壤环境质量总体保持稳定，环境风险得到有效控制。森林覆盖率达到23%以上，草原综合植被覆盖度达到56%，湿地面积不低于8亿亩，50%以上可治理沙化土地得到治理，自然岸线保有率不低于35%，生物多样性丧失速度得到基本控制，全国生态系统稳定性明显增强
生态文明重大制度	基本形成源头预防、过程控制、损害赔偿、责任追究的生态文明制度体系，自然资源资产产权和用途管制、生态保护红线、生态保护补偿、生态环境保护管理体制等关键制度建设取得决定性成果

五、经济发展与生态环境意识转变的特征

（一）从"经济至上"向"经济发展与自然协调"方向转变

纵观我国经济发展与生态环境间的关系，在意识或认识层面经历了如下轨迹：20世纪50年代—70年代的增长第一战略时期、80年代—90年代的

"经济至上"时期和 21 世纪的"经济与资源环境协调发展"时期。在以增长为主要任务的时期，国家关注的是工农业的发展，将自然资源转化为工农业产品满足国家和社会的需求是经济发展的目标，生态环境保护的意识比较淡薄，保护措施也非常有限。20 世纪 80 年代和 90 年代，是以"经济建设为中心"的时期，追求经济的高速增长和经济实力的提升是首要任务，虽然意识到实现经济与资源环境协调发展的重要性，也采取了一系列的政策、措施和手段，以图实现二者的协调，但是，由于经济发展为第一要务的思想占据主导地位，生态环境建设投入严重不足，发展能力与保护和处理能力间形成强烈的反差，导致了严重的生态危机和环境压力。21 世纪伊始，国家在发展理念、战略上发生了重大转变，提出了科学发展观的思想，并将其不断完善和丰富，最终形成了生态文明建设的战略，将经济发展与生态环境协调作为经济发展的行动纲领，这是意识和认识论上的飞跃，也是符合世界潮流的转变，也是与人类文明发展的步调一致的。生态文明的转向将对我国经济社会的发展产生深远而重要的影响。

（二）从开发向保护和治理修复转变

在 20 世纪 80 年代以前，我国经济发展主要以自然资源开发为特征，毁林开荒、坡耕地开垦、草地开垦、湿地开垦等比较普遍，多数属于国家主导的行为。20 世纪 90 年代以后，自然保育日益受到重视，自然保护区建设速度明显加快，进入 21 世纪，生态环境的保护与修复规模越来越大，越来越广泛。例如，据统计，2001 年我国自然保护区增加到 1551 个，2005 年达 2349个，2017 年达 2700 多个，总面积 147 万平方公里，约占陆地国土面积的14.8%。如退耕还林、退耕还草、退耕还湖、保护天然林、水土流失治理、荒漠化治理等取得了显著成效，防治污染的措施也越来越完善，不断取得新进展。第一，从点源治理向点源与流域、区域治理相结合转变。第二，从浓度控制向浓度和总量"双控制"转变。第三，由末端治理向源头和全过程控制相结合转变。第四，从单纯治理向治理与调整结构、布局相结合转变。①惩罚手段也越来越严厉，这些都表明我国的生态环境意识在增强，管理手段越来越完善。我国环境与发展进入了一个环境管理的新阶段，不仅以往的资源过度开发被停止，而且还全面纠正了"大跃进""文化大革命"及改革开放初期的生态环境破坏问题，进行了大规模的生态恢复行动。我国从生态破坏到生态恢复的过程如表8-8。

表8-8　我国生态环境意识与行为的转变

生态破坏	1950s	1960s	1970s	1980s	1990s	2000s	生态恢复
毁林开荒							天然林保护
森林过伐							天然林保护
坡耕地开垦							退耕还林(草)
围湖造田							退田还湖
草地开垦							退耕还草
草地过牧							退牧还草
"15小"企业							关停并转
蓄洪垦殖					?		湖泊通江

注：引自陆大道主编《中国区域发展的理论与实践》，科学出版社2003年版，416页。

上述从生态破坏到生态恢复的过程，可以从草地开垦到草地恢复的过程得到充分反映。20世纪50年代到70年代，草地被视为荒地。受国家粮食自给政策的影响，大片优质草地被开垦为农田，据统计，中国北方曾出现3次大规模开荒，开垦草地高达6.67万平方公里以上。多位于内蒙古、新疆、黑龙江等省区，被开垦的耕地由国营农场来经营。这种被开垦的草地后来多出

① 中国网，http://www.china.com.cn/2008-02/29/。

现了盐渍化或其他形式的退化，直接导致生态状况的急剧恶化。直到 20 世纪 80 年代初期，中央政府重新考虑其政策，并大幅度取消了对草地开垦的支持，重新开始推进畜牧业的发展。2000 年开始实施的京津风沙源治理工程，2002 年开始实施退耕还林还草与退牧还草等生态恢复工程，是生态价值观转变的具体体现。

（三）从意识向行动转变

自新中国成立以来，对于生态环境的建设和保护，初期仅仅停留在意识层面，体现的是在强调发展经济的前提下进行生态环境建设，表现的是低层次的生态环境意识。经过几十年的曲折发展，国家和民众对生态环境重要性的认识不断深化，生态环境建设逐渐成为国家战略和纲领被付诸行动。一是，自觉保护生态环境的意识增强，具体行动成为自觉的行动或必需的行动。二是改善生态环境的行动越来越广泛，如江河治理、荒漠化防治、天然林保护、人工造林等。在经济建设中，强调生态经济和循环经济理念，进行环境评价、建设必要的设施、防止生态环境破坏已经成为必要和必需的手段。三是利用经济和技术手段进行生态修复。四是法制与机制越来越完善。

（四）从追求物质文明向追求多项文明转变

从文明的演化特征看，我国在计划经济时期追求的是物质文明，强调经济生产，理念上体现的是在实现物质文明的前提下处理经济发展与社会、资源环境的关系。20 世纪 80 与 90 年代，追求的是物质文明与精神文明的双重目标，提出了"一手抓物质文明、一手抓精神文明"，"两手抓，两手都要硬"的指导思想。但实际上仍然以物质文明为首要目标，把物质文明的进步完全等同于社会进步，并以物质文明的进步取代社会的全面发展，导致了片面和畸形发展的特征。在经济发展方面走的是一条高物耗、粗放型的增长道路。目前，在意识形态层面，正在形成物质文明、精神文明、政治文明和生态文明相辅相成、共同发展的局面。党的十六届三中全会通过的《中共中央关于完善社会主义市场经济体制若干问题的决定》中提出了"五个统筹"，即统筹城乡发展、统筹区域发展、统筹经济社会发展、统筹人与自然和谐发展、统筹国内发展和对外开放，其中统筹经济社会发展体现了物质文明与精神文明协调发展的内涵，统筹人与自然发展体现了物质文明与生态文明协调发展的观念。

第二节　经济发展面临的生态环境挑战

一、发展意识及管理机制上的偏差

（一）发展理论理解有偏差

在谈论发展问题时，常有一种误解，只把 GDP 的增长视为衡量发展的标准，把"发展是硬道理"的深刻内涵简单地理解为"GDP 增长是硬道理"，这样的观点实际是在支持过度开采可耗尽资源和过度使用可再生资源，无视环境的恶化和自然资源的破坏。事实上，GDP 只是一种衡量经济产量的尺度，不能反映生产和消费中的经济以及经济福利的净变化量。发展不但应该包括生产率的提高、经济的增长，还应包括社会分配的公平和生态环境的良性发展。

经济增长总要消耗资源，这符合客观规律。但是盲目的高速经济增长会危及持续增长的基础；而要保护环境资源，放慢经济增长速度势必影响当代人的经济生活水平，因而很难成为人们的主动选择，只有政府实行强干预，引导社会的发展意识和行为，才能适当调整经济增长速度，保护经济发展的环境资源基础。

我国经济与资源、环境协调发展所面临的任务是减少快速经济增长的负面影响，通过加速资源基础的变换速度，尽快实现增长方式的转变。

（二）管理机制不完善

经济高速发展所产生的大量环境问题往往是跨地区、跨部门和跨流域的问题，而我国现在环境资源的产权界定尚未提到议事日程，部门和地方的利益十分突出。由于用经济效益衡量政绩是我国目前的主要标准，导致生态环境管理弱化。在经济体制转型阶段，双重体制仍在起作用，虽然有大量的环境法规出台，但是对破坏环境的企业和个人仍缺乏有力的制约。

二、资源需求与供给

21 世纪我国面临着人口的继续增长和粮食供应的不断紧张趋势，随着经济总量和人口总量的加大，自然资源的供给面临巨大的压力，农业资源将逐渐接近承载力的上限，支柱性矿产资源（如石油、天然气、富铁矿等）后备储量缺乏。

（一）水资源严重短缺

自 20 世纪 80 年代以来，淡水资源短缺已成为全国性问题。据估计，我国每年因供水不足造成工业产值的损失数千亿元。农业用水因城市和工业的发展而被大量占用，使本来就入不敷出的水源更紧张。尤其是我国北方地区和部分东部地区城市，水资源短缺已成为其社会经济发展的重要制约因素。即使水资源丰富的南方地区，由于污染，也使得淡水资源短缺问题比较突出。主要缺水地区有京津冀地区、晋北地区、辽中南地区、山东半岛、河西走廊、塔里木盆地、关中平原等。另一方面，多数区域在水资源利用上存在比较突出的浪费现象，相当比例的工业废水和生活污水未经处理利用；工业生产中水资源利用效率较低；农业用水效率不高，节水潜力比较大，同农业节水先进的国家差距比较大。

（二）化石能源短缺

化石能源是我国经济社会发展的重要资源基础，而化石能源的使用又是造成环境污染的主要原因之一。我国人均能源资源有限，将面临长期的能源短缺问题，特别是石油能源短缺，将成为我国未来能源供应的最突出矛盾。2017 年，我国煤炭消费仍占一次能源消费总量的 60.4%。[①] 这种以煤为主的能源结构给生态环境造成了日趋严峻的压力。

从矿产资源方面看，我国拥有的铁矿石、煤炭、石油、铜、铅、锌等关键矿种均非常有限，如果保证目前的发展模式和增长态势，必将产生过度开发，对生态环境产生不利影响。

（三）土地资源严重不足

主要表现在土地的后备资源不足，经济建设持续占用农业耕地，建设项目过度圈占耕地，土地污染日益严重等。从人口与资源关系方面衡量，我国大部分地区属于土地资源短缺的区域。人均耕地只有 0.11 公顷，仅相当于世界平均水平的 1/3。土地资源短缺比较严重的省区市有浙江、上海、广东、福建、海南，这些省市也是我国经济发展较快、人口稠密、经济建设需要占用耕地比较多的地区；西南的四川、贵州、云南以及华南的广西等省区，土地资源也比较缺乏；东北地区和西北地区的土地资源比较丰富。但在局部地区，尤其是城市化发展比较快的地区，土地资源的利用效率却不高，未能体现高效利用的理念，也没有实现集约和节约利用土地的目标。在未来发展中，我国整体上面临人地关系紧张的矛盾，东部城市化地区和中西部人口稠密地区尤甚。提高土地的利用效率，必须在用地方式上进行重大调整。

从意识层面看，我国仅将土地作为经济发展的要素来认识和评价，忽视

---

① 国家统计局：《2018 年中国统计提要》，中国统计出版社 2018 年版。

了土地的特殊性。这一特殊性在于：土地是一切生态要素的载体，如果将土地作为单一的经济要素开发了，就会使其他生态要素失去支撑。

（四）农业发展的生态约束日益严峻

农业的发展是我国国民经济发展的基础，农耕意识源远流长。但农业的发展付出了巨大的生态、环境及资源代价：一是水土流失和土地沙化导致农业生态环境退化，土地质量下降。二是由于盲目开垦、过度开垦、超载过牧等导致农业生产与生态环境的矛盾突出。三是农田污染日益严重：20世纪90年代前，我国工业废水和生活污水年排放量达350～400亿吨，其中80%未经处理，导致遭受工业"三废"的农田达400万公顷，每年因此减少粮食100亿公斤以上。① 四是据估算，21世纪初我国由于生态破坏造成的农业、森林、草场、水资源的经济损失和污染造成的经济损失，每年高达860亿元以上，已占农业总产值的5.5%。

三、经济发展产生的环境压力

（一）重化工业等污染问题突出

目前，我国还处在工业化的中期阶段，这一阶段还将持续较长时间，资源消耗大、排放废弃物多的基础产业还需要有大的发展。工业化过程的迅速发展必然要导致对资源和环境的巨大压力。但是，这个阶段我们无法超越。虽然促进产业结构升级、推进清洁生产已经成为我国实施经济增长方式转变的共识，但是由于发展阶段的限制和环境投入的不足，加之认识上的滞后性，冶金、石化、能源、化工等高污染行业仍将是主要行业，也是我国扮演"世界工厂"的基础和支撑。而这些行业的发展，与生态环境保护存在尖锐

---

① 刘兆征：《关于我国农业可持续发展的思考》，载《理论探索》，2005年第1期。

的矛盾。

（二）以煤为主的能源结构决定了工业化过程具有高污染的特点

我国的能源消费结构以煤为主，据统计，2015 年全国的能源消费量达到 43 亿吨标准煤，比 2000 年增长了 3 倍，其中煤炭消费 39.6 亿吨，长期以来煤烟型大气污染严重。目前我国排入大气的二氧化硫的 90%、烟尘的 70%、二氧化碳的 85% 来自燃煤。1995 年我国 SO_2 排放总量达到 2370 万吨，超过欧洲与美国，居世界首位。国家环保部在新闻发布会上透露，2015 年全国二氧化硫排放总量为 1859.1 万吨，居世界第一。

我国以煤为主的能源结构是形成以城市为中心的严重大气污染的重要原因，在全国的 600 多个城市中，大气环境质量符合国家一级标准的城市不到 1%，21 世纪初的 2002 年，全国 62.3% 的城市大气中 SO_2 的年平均浓度超过国家环境空气质量二级标准，日平均浓度超过了三级标准，严重影响了城市的环境质量和区域生态系统的质量及功能。在未来 20—30 年内，我国以煤为主的能源结构不会改变，仍不足以将可吸入颗粒物浓度降到人体健康允许的水平。

（三）快速城市化过程中的污染

城市化进入快速发展阶段。我国的城市化水平，自 1996 年开始增速加快，这与世界其他国家城市化历史所得到的经验基本一致，即当城市化水平达到或超过 30% 之后，这个国家会进入到快速城市化时期。我国不仅城市数量大幅度增加，而且城市人口也大幅度增加。2015 年我国的城市化率已经达 56.1%，预计 2020 年将达 60% 左右。快速的城市化过程不仅增加了城市的人口压力，而且还大量增加了城市中未经处理的废弃物排放量。城市人口中受污染危害的比例也不断上升。许多城市生活污水处理率和垃圾处理率较低，生活型污染呈强劲上升趋势。近年来，城市汽车尾气污染日趋严重，噪声污染也随之加剧，垃圾围城现象普遍。城市生活污水在全国污水排放量占污水排放总量的比重逐年上升，给城市水环境带来非常大的压力。随着人们生活水平的提高和生活方式的改变，垃圾的组成也发生了变化，塑料和玻璃类也有明显的增长。这些变化都将对生态环境的保护产生不利影响。

（四）水环境污染和固体废弃物污染

第一，水污染状况严重。随着工业生产大幅度增长，工业废水的排放量不断增加，造成严重的水污染，严重影响到工农业生产和人民的生活。第二，固体废弃物污染也是一个严重的问题。随着城市居民生活水平的提高，城市生活垃圾每年以10%的速率增长。不少城市由于垃圾得不到及时处理而受到"垃圾包围城市"的困扰。

（五）生态脆弱性

在我国还有一个问题是，大多数经济不发达的地区都处于生态脆弱地带。这些地区大都位于中西部，主要是四大生态脆弱带：西南石山岩溶地区，南方红壤丘陵地区，北方黄土地区，西北荒漠化地区。这些地区自然条件比较恶劣，地势高而陡峭，山地比重大，易于产生大面积的水土流失。

四、人口与生态环境

（一）人口增长对生态环境的压力迅速增长

人口与生态环境的影响主要体现在两个方面，一是人口数量的增长对生态环境的压力增大。我国是世界上人口数量最多的国家，2001年12.76亿（中国大陆）；2010年第六次人口普查，中国大陆人口13.7亿；2017年人口13.9亿。庞大的人口实现小康生活目标，将是一项非常艰巨的任务。因此，我国经济发展既面临着提高既有人口生活质量的压力，又面临解决新增人口产生的新的需求的任务。人口与资源、环境之间的协调发展关系面临非常大的压力。从人口分布密度看，我国每平方公里国土面积承担的人口已经达

140 人左右，是世界上密度较高的国家之一（表 8 - 9）。二是人口消费水平的提高对生产产生巨大的需求和刺激作用，满足这些需求的生产将对环境产生压力。

表 8 - 9　我国人口变化情况

年份	总人口（万人）	人口密度（人/km²）		城镇化		15 - 64 岁人口比重（%）
		全国	沿海地区	人口（万人）	城镇化率（%）	
2015	137462	143	457	77116	56.1	73.0
2010	134091	140	441	66978	49.95	74.5
2005	130756	136	415	56212	42.99	72.0
2000	126743	132	411	45906	36.22	70.1
1995	121121	127	381	35174	29.04	67.2
1990	114333	119	362	30195	26.4	66.7
1985	105851	110	330	25094	23.71	
1980	98705	103	309	19140	19.39	
1978	96259	100	301	17245	17.92	
1952	57482	60	181			

数据来源：据中国统计年鉴相关年份数据计算。

（二）人口对不同地区生态环境的影响不同

虽然我国的人口分布、经济布局与自然基础的结合是比较好的，但从发展趋势看，人口与自然资源在地区上的协调关系正在发生变化，尤其是矿产资源与人口分布呈分离趋势，这在一定程度上影响地区经济发展的效率和生态环境。

我国的人口分布很不均衡，3/4 以上人口集聚在我国中东部地区，2/3 以上的人口生活在农村。东北、华北、华东和中南地区，总面积只占全国的 44%，人口则占总量的 77%。东部地带和中部地带的绝大部分省区市的人口密度较高，每平方公里的人口密度多超过 200 人，其中北京、天津、河北、上海、江苏、浙江、河南、山东的人口密度超过 400 人。对国民经济影响比较大的能源、矿产资源、土地后备资源等大多分布在中西部。以人均和总量评价，西部的优势远大于东部。二者的分离使得大量的能源、原材料在地区间流动，增加了地区经济发展的成本。

目前，我国还有 5000 万左右没有解决温饱问题的农村贫困人口（表 8 - 10），其中 85% 分布在中西部地区的深山区、石山区、荒漠区、高寒山区、黄土高原区、地方病高发区以及水库库区。这些地区交通不便、生态失调、人畜饮水困难、生产生活条件恶劣。目前全国主要集中连片的贫困地区有：秦巴山区、武陵山区、乌蒙山区、大别山区、滇东南山区、横断山区、太行山区、吕梁山区、桂西北山区、九万大山山区、努鲁儿虎山区、西海固地区、定西地区、西藏地区、闽西南和闽东北革命根据地、陕北革命根据地、井冈山和赣南革命根据地、沂蒙山革命根据地等。而这些地区是我国生态环境比较脆弱的地区。处理贫困与生态环境保护间的关系较大的挑战。

表 8 - 10　我国贫困人口数量变化

年份	1978	1985	1990	1995	2000	2006	2015
贫困人口（万人）	25000	12500	9700	6500	3200	2148	5575
农村贫困发生率（%）	30.7	14.8	10.8	7.1	2.5	3.0	4.5

资料来源：根据有关资料整理（2015 年依据新的贫困标准计算）。

第三节　实现人与自然协调发展的途径

一、制定经济与资源环境协调发展战略

（一）实施资源节约型经济发展战略，推动经济与资源、环境的协调发展

能源是影响我国未来发展的最重要的因素之一，以能源的高效利用为切入点，围绕能源制定政策，是促进地区经济与资源环境协调发展的最有效措施之一。第一，通过技术进步、提高管理水平、产业结构调整等措施，大幅度降低单位经济活动的资源消耗。第二，通过不同区域的能源供应政策，引导沿海地区产业结构的升级，为内陆地区创造发展空间。第三，推动资源节约型经济体系建设。

另外，我国的人均能源水平是比较低的，在相对较低的人均水平基础上，如能实现社会的全面小康和经济的健康发展，必将会创造世界经济发展的新模式（表 8 - 11）。

表 8 - 11　我国的能源消费变化情况

年份	消费总量 （万吨标准煤）	人均消费量 （吨标准煤）	年份	消费总量 （万吨标准煤）	人均消费量 （吨标准煤）
1978	57144	0.594	2000	146964	1.160
1980	60275	0.611	2005	261369	2.000
1985	76682	0.724	2010	360648	2.682
1990	98703	0.863	2015	430000	3.128

续表

年份	消费总量 （万吨标准煤）	人均消费量 （吨标准煤）	年份	消费总量 （万吨标准煤）	人均消费量 （吨标准煤）
1995	131176	1.083	2017	449000	3.228

资料来源：据《中国统计年鉴》整理。

（二）实施"紧凑"型城市发展战略，促进城市发展与生态环境的协调

20世纪90年代以来，随着生态价值观的转变，作为一种可持续发展的模式，紧凑城市的研究被提了出来。以欧盟国家一些学者为代表的研究观点认为，紧凑城市是一种可持续的城市形式，可以实现三大目标，即通过合理的生产系统节约资源与能源，以达到保持稳定的经济增长的目的；通过零排放来保持安全舒适的生活环境和生态环境；通过高效服务构建高效的社会系统。紧凑城市一般以高密度的居住区、对汽车的较少依赖、与周围地区的明显界限为特征。

采取紧凑型的空间模式引导我国城市化的发展，具有特别重要的意义。也是我国促进人—自然复合系统发展的重要措施，是生态价值观的具体体现。一是我国人多地少，节约和集约利用土地应是长期的战略任务，采用紧凑的发展模式，可以用合理的土地空间，满足城市和产业发展的要求，促进城市与生态环境的协调。二是从长远看，城市化是我国的基本发展趋势，构建人与自然协调的城市发展模式应是紧迫任务。而城市内部的开发区发展模式、城市扩展模式是不可持续的，正在威胁着我们的生存基础和生态环境。三是我国将是一个能源越来越紧缺的国家，需要从多途径创造节约能源的条件，相比之下，紧凑型城市是一种能源节约型的空间模式，也是经济发展与生态环境协调的一种发展模式。

（三）实施环境修复战略，促进人与自然和谐发展

应将环境的综合治理作为重点，因地制宜实施不同的措施。第一，继续实施林业六大工程。林业六大工程是我国再造秀美山川的战略工程，规划范围覆盖了全国 97% 以上的县，规划造林任务超过 11 亿亩。以实施六大工程为重点，推进林业转变，带动林业跨越式发展。第二，持续对重点河流、湖泊进行治理。第三，将城市化地区的生态环境综合治理作为重点。目前我国主要的城市化地区，包括珠江三角洲、长江三角洲、京津唐地区、辽中南地区等，生态环境问题比较突出，需要对其进行重点综合治理。第四，生态脆弱但开发强度比较大的地区，如晋陕蒙宁的煤炭开发区域，应作为重点治理区域。第五，将资源型城市生态环境的治理作为治理的重点。资源型城市在我国经济发展过程中发挥了重要作用，但由于不合理的开发和资金的缺乏，环境问题突出，已经严重影响了地区经济的健康发展。应将资源型城市的环境修复、综合环境治理作为国家扶持的重点。

二、正确处理节约与开源的相互关系

（一）节约与开源并重

我国经济长期以来采用的是高投入、高增长与低产出的粗放型增长方式，对资源实行的是重开发、轻保护，重速度、轻效益的发展战略。一方面资源日趋短缺，对经济再增长的保证程度越来越低，另一方面资源浪费现象又十分惊人，二者同时并存加速了自然资源耗竭进程，正在严重影响我国全面小康社会的建立和生态环境建设。应下大力气调整经济增长方式，引导我国的经济增长从粗放型增长方式向集约型增长方式转变，提高增长质量和增长效益；建立资源节约型国民经济体系，逐步解决资源短缺和浪费的双重矛盾，从发展的源头上引导经济与资源、环境的协调发展。

建立资源节约型国民经济体系，首先必须正确处理好资源节约与开源之间的相互关系。节约与开源是资源开发利用过程中互为依存的两个方面，开源是节约的前提，节约是开源的连续，是另一种形式的开源。在经济发展的任何历史时期都必须始终坚持节约与开源并重的方针。从我国资源开发历程来看，突出问题是过分追求经济增长速度，走的是一条重开源轻节约的道路。由于过多地注重开源，不仅造成了资源的极大浪费，而且形成严重的环境污染。只有节约资源，内部挖潜，使经济增长方式由高消耗型转变为低消耗型，变粗放经营为集约经营，深度开发与综合利用自然资源，并在此基础上面向国际国内开源，才能从根本上缓解资源，尤其是矿产资源与能源供应紧张的严峻局面，提高资源的利用率和单位资源的人口承载力，增强资源对国民经济发展的保证程度。

21 世纪前 20 年，我国经济总体上将保持较快的增长速度是显而易见的，而且成为"世界制造工厂"的趋势也越来越明显。这种态势趋预示着我国经济的增长必然以第二产业的扩张为主要动力，即以物质消耗为前提。改革开放以来，中国产业结构出现较大幅度改变，第一产业所占 GDP 比例由 27%下降 2017 年的 7.9%，第二产业比重始终在 40% 以上。①

未来一段时间，我国对能源、矿产资源的消耗还将保持一定的增长需求，资源供给与需求间的矛盾还可能进一步加剧。因此，必须将开源与节约放到同等重要的位置，从近期看，前者比后者更重要，因为通过技术进步和产业结构调整实现节约增效的目标需要一定的时间。但是，同样不能放松对节约的引导，在有条件的行业和地区，国家应通过有效的措施，加强对建立节约型经济体系的引导。从行业看，应对冶金、化工等原材料行业进行技术引导，促进其物耗的减低，对其他制造行业，应通过技术进步促进产业的升

---

① 国家统计局：《2018 年中国统计提要》，中国统计出版社 2018 年版。

级。从区域上看，应引导沿海发达地区的产业结构升级，有条件的城市化地区大力发展第三产业，形成低耗、高效的经济体系。

（二）提高矿产资源的开采技术水平和利用水平

提高矿产资源的开采技术水平和利用水平也是开源节流的主要途径，这对我国这样资源短缺的国家尤为重要。目前我国在矿产资源开发领域的技术水平以及对资源的利用水平都不高，存在巨大的浪费现象。依据有关研究资料显示，我国西部省区蕴藏丰富的能源资源，是目前全国能源的储备中心和战略重心。但在内蒙古、陕西、新疆等省区，其能源开发中存在资源浪费现象。从1949至2015年间，我国累计产煤700亿吨，但煤炭资源消耗量远远大于此数，大量煤炭资源没有得到有效利用。石油开发中的浪费现象也同样存在，一些企业从成本考虑，没有采用更能提高采收率的技术。因此，从可持续发展的角度看，提高资源开发中的技术与管理水平对解决我国资源紧缺问题是至关重要的。

（三）将土地资源的节约与集约利用作为调控的核心

土地是人类赖以生存与发展的基础，珍惜、合理利用和切实保护土地，是我国的基本国策，是关系到社会经济可持续发展的战略问题。应将土地的供给与利用作为地区经济发展的重要调控手段。一是实施严格的耕地保护政策，保护耕地，实现农业的可持续发展和粮食安全。二是严格调控城市用地，尤其沿海地区城市的用地，促进城市的协调发展，三是严格控制开发区的类型与规模，实现开发区土地的高效利用。四是对农村地区的村镇进行合理规划，促进农村地区村镇的健康发展和土地的集约利用。

（四）加强资源产业与环保产业建设，促进再生循环和环境良性演进

资源产业与环保产业是对自然资源进行保护、更新、再生、培育和对环境进行治理、恢复、改良的产业。它们是协调人类与自然环境关系的重要途径，是自然资源自然再生产与社会再生产相统一的历史过程，其核心思想是

通过人类劳动的专门投入促使自然资源循环再生和不断更新，促使生态环境不断得到改善，使资源、环境与社会、经济复合生态系统协调运转、持续发展。

资源产业建设要有组织地吸收农村剩余劳动力，尤其是中、西部地区的剩余劳动力，不仅能解决就业，而且还可促进资源再生和保护。环保产业发展重在提高企业规模和技术档次。为此，应组建企业集团，培育和规范环保产业市场，完善环保产品和环境工程的质量标准和监督体系，引进国外资金和技术，增强竞争实力。

我国地区各级政府应把资源产业与环保产业作为 21 世纪实现可持续发展战略产业来发展，使之成为促进资源与环境保护的关键环节和可持续发展的有力保障。

（五）把资源与环境作为社会经济发展的重要评价体系

资源与环境是人类的自然资本，它是人造资本无法替代的。建立科学的核算体系要依据价值理论和社会经济规律对资源、环境进行评估、核算，为资源与环境的产权界定提供科学依据。同时要把资源、环境纳入国民经济核算体系。传统的国民经济核算体系只对人造资本核算而忽视作为人类生存与可持续发展基础的自然资本，因此是不全面的。通过把资源、环境状况纳入新的国民经济核算体系使经济活动的全部社会成本都面对经济行为主体，逐步将外部不经济性消化在经济过程之中。例如，我国北方许多地方水源奇缺，可进行对水资源核算的试验，将生态要素纳入经济系统中；南方沿海耕地不足，非法占用和破坏现象严重，可进行耕地资源核算试验，通过试验逐步推广。

三、促进产业结构升级与优化

(一) 强化产业结构优化的核心作用

积极制定措施，引导我国整体产业结构的优化。优化产业结构，必须根据我国的具体情况，借鉴发达国家产业结构调整的经验，合理引导。应重点促进第三产业的发展，优化第二产业的结构，稳定第一产业，尽快促进工业化的升级，以适应我国城市化发展的要求。从世界发达国家的发展经验看，在其工业化不断升级的进程中，产业结构也不断优化。日本用近100年的时间完成了整个工业化过程，比世界上其他经济大国工业化过程所用的时间要短得多。20世纪20年代至80年代是日本工业化不断深化的过程，其第一产业创造的增加值比重和就业比重均处于直线下降状态，第二产业的增加值比重和就业比重则处于上升状态。到20世纪90年代，日本已经结束了工业化阶段，进入后工业化时期，第二产业在国民经济发展中的地位开始下降，其增加值比重和就业比重也都处于下降态势，第三产业成为国民经济发展的主体，其增加值比重和就业比重均呈现出上升态势。

20世纪以来，美国经济的发展主要表现为对传统工业进行新技术改造及现代产业的发展，并且以后者为主，体现了后工业化阶段及现代社会发展的基本特征。第三产业的增加值比重和劳动力比重持续上升，支撑着国民经济的发展。

到20世纪末期的1995年，日本的三次产业结构已经演变为5.8∶32.8∶61.4，美国的三次产业结构为3.5∶22.5∶74，第二产业在经济结构中的地位远低于第三产业（表8-12）。之后不断变化。到2010年美国的第三产业比重已达80%。

表 8-12　日本、美国三次产业结构的演变

国家 时期		日　本			美　国		
		第一 产业	第二 产业	第三 产业	第一 产业	第二 产业	第三 产业
19 世纪 90 年代	GDP（%）	42.7	21	36.3	17.9	44.1	38
	就业（%）	72	13	15	42	28	30
20 世纪 20 年代	GDP（%）	28.1	37.7	34.2	11.2	41.3	47.5
	就业（%）	55	22	23	27	34	39
1960-1965 年	GDP（%）	9.7	47.9	42.4	3.3	43.5	53.2
	就业（%）	29	31	40	7	34	59

注：根据资料整理。

我国工业化起步比较晚，但进程比较快，其中产业结构的调整需要在尽快短的时期内实现，建立与发展水平相当的结构体系。虽然国内外发展环境使得我国近期内发展第二产业，尤其是制造业具有较大的空间，但由于市场的饱和发展环境的变化以及时间的推移，其发展空间将越来越小，尤其是传统制造业，因此需要寻求新的发展动力。为了促进我国经济的健康发展，必须将国内市场作为未来的主要市场，其第三产业是主要发展领域。从表 8-13 看出，我国第三产业的比重远低于发达国家，应将第三产业作为促进经济结构优化的战略型产业加以扶持。

表 8-13　日本、美国、中国产业与就业结构比较（%）

年代	项目	日本			美国			中国		
		一产	二产	三产	一产	二产	三产	一产	二产	三产
1985	GDP	3	54.7	42.3	2	34.0	64.0	27.9	42.7	29.4
	就业	10.3	34.8	54.9	3.6	30.2	66.2	62.4	20.8	16.8

续表

年代	项目	日本			美国			中国		
		一产	二产	三产	一产	二产	三产	一产	二产	三产
1995	GDP	2	38	60	2	26	72	19.6	46.8	33.7
	就业	5.8	32.8	61.4	3.5	22.5	74	52.2	23.0	24.8
2000	GDP	1.4	29.5	69.1	1.3	21.5	78.5	14.7	45.5	39.8
	就业	5.1	31.2	63.1	2.6	18.9	78.4	50.0	24.5	25.5
2010	GDP	1.2	25.2	73.6	1.1	19.9	79.0	9.5	46.4	44.1
	就业	3.7	25.3	69.7	1.6	16.7	81.2	36.7	28.7	34.6
2016	GDP	1.2*	26.9	72.0	1.3*	20.7	78	8.6	39.8	51.6
	就业	3.5	24.3	70.7	1.6	18.4	80.0	27.7	28.8	43.5

注：根据相关资料整理。*为2014年数。

(二) 实施综合性系统措施, 加速产业结构升级

产业政策与资源、环境保护政策有机结合, 促进产业结构的升级。应采取强有力措施优化发达地区特别是东部沿海地区产业政策, 促进产业政策与资源、环境政策的有机结合。

根据东部沿海地区在国家政治、经济、生活和未来发展中举足轻重的战略地位和作用, 必须把沿海产业结构、产业布局纳入国家高层战略决策来统筹规划, 使之达到科学、合理、可行, 以强有力的宏观调控手段结合市场机制的作用, 使优化的产业政策落实到沿海不同类型地区, 并与区域政策、区域规划和环保规划有机衔接, 相互促进, 形成在国家统一调控下各地分工协作、联合发展的区域经济格局。避免各自为政、重复建设、产业趋同、区域割据和资源、环境、社会、经济相互矛盾、相互制约等不良后果。继续执行"三同时"制度即"经济建设、城乡建设、环境建设统筹规划、同步实施、同步发展"和所有新建、改建、扩建项目的防治污染设施必须与主体工程同时设计、同时施工、同时投产、使污染及时得到治理。

东部沿海地区作为全国经济相对发达地区，有条件在全国率先推进产业结构高级化进程。因此应把本区作为全国产业结构升级的"龙头"地区，严禁强污染、高消耗、低效益的产业发展。结合产业结构调整，淘汰高能耗装备和污染大的工艺，以尽快消除强污染源，减轻对资源与环境的压力，同时要加大传统产业转移的力度。劳动密集和资源密集的产业在沿海已得到较大的发展。近年由于土地升值、劳力价格上涨以及环境容量和资源供给制约，生产成本上升，比较利益下降。这些传统产业不仅是东部沿海产业升级的"包袱"，而且不利于资源与环境的保护。要从全局考虑，禁止东部沿海产业结构升级时高污染的落后企业向内地转移。

（三）大力发展技术密集型产业和高新技术产业

目前，机械、冶金、电子、汽车、化工等资本、技术密集型产业已成为东部沿海地区的支柱产业，有的已成为地区主导产业。我国今后在继续强化这些产业的同时，应积极发挥人才、技术、劳动力、市场、生产成本等优势，利用优势区位，大力发展生物工程、海洋开发、新能源、新材料、微电子、宇航、信息技术等高新技术产业。加强自我研制与开发能力，同时注重引进、消化、吸收，在原有产业基础上，尽快形成规模。争取在21世纪使之成为东部沿海地区乃至全国的主导产业，以带动整个社会经济的技术进步和产业结构的高级化。从根本上使经济社会走上低耗高效、良性循环的可持续发展道路。

四、加强区域污染综合治理

（一）打破行政界限，加强区域联合，共同解决跨区环境污染

目前，我国许多区域环境污染严重，如太湖水质恶化、淮河水污染、长江三角洲、珠江三角洲、环渤海地区以及江河下游沿岸等地区，环境污染问

题突出，而在治理污染时以地方利益为主，各地相互推脱责任，相互扯皮，使许多江河湖泊成了公共的"排污池"，污染未能得到及时治理，生态急剧恶化造成诸如淮河、太湖有的区段水已不能饮用的严重后果，给沿岸生产、生活带来了巨大损失。

因此，应采取有力措施，协调各地关系，加强各地联合，按流域或经济区域建立跨区域的环境污染综合治理协调领导机构，组织统一、协同、合作的区域污染治理和环境保护行动，使上述污染重灾区环境状况迅速好转。

（二）突出区域治理的重点，阻断污染传播途径，消除区域污染源

环境污染的重灾区一般属于中心地域的边缘地带，其生态脆弱，影响因素错综复杂。必须由协调机构组织各有关地方编制科学的综合发展规划，并在地方权威机构的监督下实施，使区域社会经济发展和资源、环境保护相互协调、相互促进。

在区域综合治理中，应突出重点，集中力量治理区域强污染源。对环境质量良好，经济发达的地区要重点保护，建立可持续发展试验示范区。以污染严重的乡镇、城市、重点污染流域以及强污染企业为重点，集中治理，阻断其向农村和周围扩散的途径。

不同地区也应突出重点。在沿海地区应以水质和酸雨污染的治理以及保护耕地，增强粮食自给能力和能源保障程度为重点；中西部地区应生态治理与保护、城市大气污染治理与增强淡水供应能力为重点；大、中城市则应以大气污染，尤其二氧化硫治理，废水处理、工业有毒有害废渣、城市垃圾资源化为重点；在城市边缘和广大农村，应以乡镇企业污染治理和农村生态破坏防治为重点。

（三）加强城乡结合带保护与环境治理，阻止城市污染向农村扩散

城乡结合带是环境污染和资源破坏最易发生的地区，也是城市污染向农村蔓延的前沿地带。各地都应把城乡结合带作为资源保护与环境整治的重点

地区，强化乡镇企业管理和结构优化、合理布局。建立乡镇企业开发小区，使生产和污染治理集中进行。在农村要推广合理施肥和合理用药经验，减少化肥、农药污染。同时注意对塑料大棚遗弃的"白色垃圾"的回收利用。

（四）提高能源利用效率，优化能源结构

强化全社会节能意识，切实落实节能措施。目前应在以煤为主的火电建设的同时，发展核心等清洁能源，逐步改变以煤为主的能源消费结构。近期鼓励城市发展煤气、天然气和集中供热设施，以节约资源、提高经济效益。同时大幅度减少烟尘、二氧化硫、二氧化碳的排放和废渣污染，从根本上改善城市生态环境。

五、增加环保投入

（一）环保投入未达到改善环境的要求

据环保规划统计，我国在"十一五"期间的环保投资是 2.1 万亿元，占 GDP 的 1.4%；"十二五"期间我国环保投入 4.17 万亿元，占 GDP 的 1.3%；根据 2015 年环境统计年报，污染治理投资涉及 8800 多亿元，约占 GDP 总值的 1.3%，约占全年全社会固定资产总投资的 1.6%，包括城市基础设施建设，新建项目的环保设施投资等。环保投入占同期 GDP 的比重，跟环境状况的变化有一个关联数据，环保投入占 GDP 比重低于 1.5%，环境质量将持续恶化。比重大于 1.5% 可能会逐步好转或者出现平衡，但仍然解决不了历史遗留问题，只有在环保投入占 GDP 大于或等于 3% 的时候，才能使遗留的环境问题逐步得以解决，环境质量状况才会得以好转。总体看，我国的环保投入还没有达到改善环境的要求。

筹资机制不健全，投入不足是制约环境保护的一大制约因素。我国环保筹资机制的建立和投入的增加需要充分考虑我国国情，不能追求一步到位，而要分阶段逐步推进。健全筹资机制应依据"责任分担、利益共享"和"谁污染，准治理"的原则，充分运用经济杠杆、市场机制，行政管理、法律治理的作用，建立良性循环的筹资机制，把发展与环保建立在成本与效益比较之上。

（二）加大环保投入

应采取综合措施，逐步收取足以补偿资源与环境损失的资源税和环境税，作为资源、环境保护的稳定资金来源；对于跨区域环境整治的重大工程以及废物回收利用、污染治理变废为宝、培育资源、改良环境的产业和项目，国家应予以税收和信贷等方面的优惠政策，培育这些产业的自我增长能力，形成自我良性发展；积极引进外资，用于资源与环境整治，扩大国际合作与交流，争取国际援助；通过多种渠道，如以动员全社会为保护大自然、美化环境募捐等途径，建立资源与环境保护的专项基金。

第九章 中国绿色发展的时代性与途径

　　"绿色化"已经成为我国国家治理的国策和政治任务，将对我国经济社会发展产生重大而深远的影响，但如何认识绿色发展的时代性还没有形成普遍的共识。本书以"新五化"的基本理念和我国生态文明建设的基本精神为依据，阐释推进我国绿色发展的时代性和主要路径。提出了绿色化发展是我国回归世界中心的时代使命、全面建成小康社会的历史使命、新型工业化的战略使命、加强生态环境保护的现实使命等观点，阐释了人与自然再平衡、产业绿色化改造、绿色消费和绿色发展制度建设的战略途径。

第一节　生态文明价值导向时代性

一、生态文明价值导向

（一）国家绿色发展导向

　　2015 年 3 月中共中央政治局审议通过了《关于加快推进生态文明建设的意见》，明确提出把生态文明建设融入经济、政治、文化、社会建设各方面和全过程，协同推进新型工业化、城镇化、信息化、农业现代化和绿色化。至此"绿色化"正式成为国家治理的国策和政治任务，其宗旨是坚持节约优先、保护优先、自然恢复的基本方针，把绿色发展、循环发展、低碳发展作为基本途径，切实推进生态文明建设。目标是推动形成"科技含量高、资源消耗低、环境污染少的产业结构和生产方式"，实现"经济绿色化"；推动形成勤俭节约、绿色低碳、文明健康的生活方式和消费模式，实现"消费绿色化"；推动形成生态文明为根基的社会主义核心价值体系，实现"社会价值绿色化"；最终实现资源节约型、环境友好型社会建设的目标和中华民族的伟大复兴。

（二）绿色发展的范畴

"绿色发展"究竟指什么？简而言之，就是以生态文明基本理念为指导，在经济社会发展中实现发展方式的"绿色化"，使之成为高级别价值取向。首先，在经济领域，它是一种生产方式——"科技含量高、资源消耗低、环境污染少的产业结构和生产方式"，有着"经济绿色化"的内涵，而且希望带动"绿色产业"，"形成经济社会发展新的增长点"。其次，它也是一种生活方式——"生活方式和消费模式向勤俭节约、绿色低碳、文明健康的方向转变，力戒奢侈浪费和不合理消费"。并且，它还是一种社会价值取向——"把生态文明纳入社会主义核心价值体系，形成人人、事事、时时崇尚生态文明的社会新风"。

21世纪以来，绿色经济、循环经济、低碳经济、绿色发展已成为国内研究的热点领域。一般认为，绿色发展或绿色经济是相对于传统高物耗、高污染的"黑色"发展模式而言的，是有利于资源节约集约利用和生态环境保护的新的经济发展模式，是对传统高耗能、高污染、高增长发展模式的反思与创新，是我国破解生态环境污染、寻求蓝天白云、人与自然和谐相处、建设美丽中国的战略选择。

上述态势表明，绿色发展已经被赋予了鲜明的时代特征。我们必须站在时代高度审视和规划我们自身的责任及未来发展的方向。"新五化"的基本理念和我国生态文明建设的基本精神是指导发展的依据，是推进我国绿色发展的时代性号角。

二、绿色发展的时代性

（一）绿色发展转型是创新中国发展模式的必然选择

30 年来，我国社会经济发展取得了举世瞩目的伟大成就，经济长期快速增长，城乡居民生活水平稳步提升，正迈入世界强国行列。但同时我国也付出了高昂的资源环境代价，经济社会发展与资源、生态、环境之间的矛盾和冲突越来越严重，人与自然的关系趋于紧张，致使经济社会发展面临的资源能源约束前所未有。发展的阶段性和规律性、国内外发展环境变化等表明，我国靠要素驱动且资源能源利用效率低下的增长模式已经难以为继。

因此，要正确应对经济新常态下我国发展面临的诸多挑战，实现中华民族崛起，就必须探索以绿色化为引领的新的发展模式和创新路径。必须牢固树立资源节约、环境友好型社会发展的理念，推动生产、生活方式的绿色化以实现人口经济与资源环境相协调；必须通过对传统产业进行绿色化改造，加长全面建成小康社会的绿色短板，实现经济的持续发展；必须建立完善的制度体系，保障生态文明战略的实施。只有如此才能实现全面协调可持续发展。同时，作为负责任的大国，我国也有责任通过绿色发展引领世界经济进步。我国绿色发展模式的提出与推进，无疑将为全世界文明道路的探索做出巨大贡献。所以说，绿色可持续发展是我国回归世界中心的时代使命。

（二）绿色发展转型是建设资源节约型和环境友好型社会的必然选择

建设资源节约型和环境友好型社会是我国全面建成小康社会的核心目

标，并期望在 2020 年取得重大进展。资源节约型社会是一种以节能、节水、节材、节地、资源综合利用为重点，以尽可能少的资源消耗并获得尽可能大的经济和社会效益的经济社会体系；环境友好型社会是一种以人与自然和谐相处为目标，以环境承载能力为基础，以遵循自然规律为核心，以绿色科技为动力，倡导环境伦理和生态文明，追求经济、社会、环境协调发展的社会体系。从上述两型社会建设的内涵看，都必须以人与自然和谐的绿色发展为基础，以"社会价值绿色化""经济绿色化""消费绿色化"为核心。所以，绿色发展是我国全面建成小康社会的历史使命。

（三）绿色发展转型是我国产业结构调整的必然选择

我国在快速工业化进程中，以高消耗、高污染和低产出的重化工型产业结构演进为主，这导致了我国生态环境的持续恶化。例如，自 20 世纪 80 年代以来，我国的采掘业和原材料工业占全部工业的比重始终在 20% 以上，目前达 35% 左右（表 9 - 1），远高于发达国家。这大大增加了资源环境的压力。要扭转这一局面，必须把产业结构调整与节约资源和保护生态环境结合起来，走中国特色新型工业化道路，加快经济发展方式转变，提高资源利用效率，建立以低碳化、循环化和节约集约化为标志的绿色经济发展模式；推进产业结构优化升级，逐步改变产业结构不合理、经济发展方式粗放的状况，构建高效、清洁、低碳、循环的绿色制造体系，达到经济发展和环境保护的双赢。所以，绿色发展是我国新型工业化和创新发展的战略使命。

表 9 - 1　我国工业总产值结构（单位:%）

年份	重工业			轻工业	
	采掘工业	原材料工业	制造工业	以农产品为原料	以非农产品为原料
1980	11.3 (6.0)	37.8 (20.0)	50.9 (26.9)	68.4 (32.2)	31.6 (14.9)
1985	11.5 (6.1)	35.2 (18.6)	53.3 (28.2)	68.7 (32.4)	31.3 (14.7)

续表

年份	重工业			轻工业	
	采掘工业	原材料工业	制造工业	以农产品为原料	以非农产品为原料
1990	9.5 (4.8)	34.3 (17.4)	56.2 (28.4)	64.5 (31.9)	35.5 (17.5)
1995	7.9 (4.2)	32.5 (17.1)	59.6 (31.4)	64.6 (30.6)	35.4 (16.7)
2000	10.5 (6.3)	40.5 (24.4)	49.0 (29.5)	61.8 (24.6)	38.2 (15.2)
2010	9.0 (6.4)	40.1 (28.6)	50.9 (36.3)	64.3 (18.4)	35.7 (10.2)

注：根据《中国统计年鉴》和相关资料整理，括号为占全部工业产值的比重。

（四）绿色发展转型是我国扭转环境恶化趋势的必然选择

我国目前正处于工业化与城镇化加速发展阶段的后半期，虽然工业化与城镇化的发展速度将会有所减缓，但加速发展的趋势仍将继续，人口和经济规模仍将持续增加，对生态环境压力将持续加大。在社会经济发展规模已接近甚至超过生态环境承载力的态势下，我国生态建设与环境保护正处在治理与破坏相持的关键阶段，工业化、城镇化与生态环境变化的关系正处于倒"U"型曲线的拐点，亦即我国的环境保护正处于"翻山爬坡"的阶段，任务繁重、压力巨大的时期。通过绿色化发展转型，协调好经济社会发展与生态环境保护的关系，我国的生态环境质量才能顺利跨过倒"U"型曲线的拐点，进入持续变优的通道；如果处理不当，则经济社会发展与生态环境保护之间可能出现恶性循环，生态环境问题可能长期难以彻底根治。所以，绿色发展是我国推进生态文明建设，加强生态环境保护的现实使命。

第二节　绿色发展必须破解的突出矛盾

一、绿色发展面临的矛盾

（一）绿色发展理念时代性要求与文化伦理道德基础薄弱的矛盾

自党的十六大提出科学发展观之后，以绿色发展为主题的生态文明建设理念逐步被提高到治国理政的高度。可以说绿色发展是党中央在深刻认识和把握经济社会发展规律基础上高瞻远瞩做出的重大决定，已成为全党全国人民共同的行动纲领。习近平总书记在阐述了生态文明的历史规律："生态兴则文明兴，生态衰则文明衰。"推动绿色发展，对于转变发展方式、改善民生、提高民众福祉具有重大的促进作用，能为人民群众创造良好的生产生活环境，与社会的期望相符。但是，目前我国社会文化伦理基础与上述行动纲领的要求存在巨大的差距，主要是尊重环境、适应环境、保护环境的伦理道德基础薄弱，社会的节约意识、生态环保意识、生产观念、消费理念还比较滞后。现实生活中，公民自觉践行生态文明的理念不强，绿色消费和绿色行为等公民基本素质亟待提高；国家管理方面存在不顾环境约束的经济发展至上、国土开发无序、政府监管缺失等现象。所以，破解生态文明建设的紧迫性与社会生态文明文化伦理道德基础薄弱的矛盾，是推进我国绿色发展的关键环节，但任重道远。

（二）绿色发展制度保障的急迫性与机制体制不健全的矛盾

绿色发展必须靠制度，好的制度是绿色化转型、经济社会全面协调可持续发展的保障。我国正处于从计划经济向社会主义市场经济全面转变的关键时期，制度不健全是突出问题。在立法方面，我国虽然已制定了环境与资源保护法律30多部，各项法规、规章、标准上千项，初步建成了符合我国国情的环境资源保护法律体系，但是社会的环境法律意识不强，"守法成本高，违法成本低"，有法不依、执法不严、执法不当等都严重制约着我国环境法律的有效实施。推进绿色发展制度保障急迫性要求与现有机制体制不健全的矛盾仍然非常突出，要破解机制体制存在的各方面问题，其难度前所未有。破解上述矛盾是推动绿色化发展制度建设的关键。

（三）资源环境约束严峻与发展方式粗放的矛盾

我国经济发展面临支撑经济发展的自然资源匮乏和经济发展中资源利用效率低下双重困境，发展方式粗放导致的经济发展增长与资源环境约束的矛盾非常突出。按照水土承载力估算，全国水资源、土地资源可承载能力已达到临界值，粮食及主要农产品缺口渐大。根据有关研究，到2020年我国将面临至少10亿吨标煤的能源缺口。

资源能源消费总量快速跃居世界前列的同时，但资源能源利用效率低下。如我国人均淡水资源总量仅为世界平均水平的1/4，是全球13个人均水资源最贫乏的国家之一；人均森林面积相当于世界人均的21.3%，人均森林蓄积量为世界人均的1/8；人均石油储藏量相当世界人均的4%，2014年石油与天然气等战略性资源对外依存度已经达到59.5%和31%；2013年底公布的第二次全国土地调查结果，全国耕地面积共20.3亿亩（13533万公顷）人均耕地更是只有1.46亩，不到世界平均水平的40%。另一方面，我国的能源利用效率为33%左右，比发达国家低约10个百分点；电力、钢铁、有色冶金、石化、建材、化工、轻工、纺织8个行业主要产品单位能耗平均比国际先进水平高40%；机动车油耗水平比欧洲高25%，比日本高20%；单位建筑面积采暖能耗相当于气候条件相近发达国家的2—3倍；矿产资源总回收率为30%，比世界先进水平低20%；每消耗一吨标准煤，我们只能创造

14000 块钱人民币的 GDP，而世界上平均是创造 25000 元，美国是 31000 元，日本是 50000 元。所以，破解发展质量与环境约束间的矛盾，是推动我国资源节约型和环境友好型国民经济体系建设的关键。

（四）经济发展方式转变客观要求与绿色科技创新能力薄弱的矛盾

十八大报告提出，加快转变经济发展方式，需要更多依靠科技进步、劳动者素质提高、管理创新驱动，更多依靠节约资源和循环经济推动，不断增强长期发展后劲。所以绿色科技和创新是绿色发展的动力源泉。虽然我国在创新发展方面取得了举世瞩目的成就，但科技对经济社会发展的支撑引领作用还非常薄弱。加强绿色科技和创新能力建设，破解发展方式转变对科技的巨大急迫需要和绿色科技创新能力不强的矛盾，是促进我国产业结构升级、提升竞争能力、实现绿色化转型的关键。

（五）生态环境危机集中显现风险加剧与防控能力不强的矛盾

我国已经成为世界上环境污染排放第一大国、温室气体排放第一大国和生态压力第一大国。欧美国家在工业化发展过程中虽然也经历了相当严重的环境污染和公害事件，但其严重程度不及我国。我国大气灰霾污染影响面积约占国土面积 1/3，七大水系近一半河段严重污染。以牺牲环境为代价的经济增长方式导致的各种灾害性和技术性诱因的公共危机已经成为我国社会面临的现实风险。但我国的总体防控能力不强，与社会需求和保障要求差距巨大。2015 年天津的 8.12 事件是上述矛盾尖锐程度的最好例证。

二、破解矛盾的条件与能力

（一）制度保障

十八大以来，生态文明建设成为国家战略，是破解绿色发展方面面临矛盾的重要保障。《中共中央国务院关于加快推进生态文明建设的意见》（中发

［2015］12 号）明确提出，坚持以人为本、依法推进，坚持节约资源和保护环境的基本国策，把生态文明建设放在突出的战略位置，融入经济建设、政治建设、文化建设、社会建设各方面和全过程，协同推进新型工业化、信息化、城镇化、农业现代化和绿色化，以健全生态文明制度体系为重点，优化国土空间开发格局，全面促进资源节约利用，加大自然生态系统和环境保护力度，大力推进绿色发展、循环发展、低碳发展，弘扬生态文化，倡导绿色生活，加快建设美丽中国，使蓝天常在、青山常在、绿水常在，实现中华民族永续发展。

十九大报告进一步强调推进绿色发展。明确提出，加快建立绿色生产和消费的法律制度和政策导向，建立健全绿色低碳循环发展的经济体系；构建市场导向的绿色技术创新体系，发展绿色金融，壮大节能环保产业、清洁生产产业、清洁能源产业。推进能源生产和消费革命，构建清洁低碳、安全高效的能源体系。推进资源全面节约和循环利用，实施国家节水行动，降低能耗、物耗，实现生产系统和生活系统循环链接。倡导简约适度、绿色低碳的生活方式，反对奢侈浪费和不合理消费，开展创建节约型机关、绿色家庭、绿色学校、绿色社区和绿色出行等行动。

（二）能力支撑保障

我国在过去 40 年经济保持中高速增长，取得了巨大成就，在世界主要国家中名列前茅，国内生产总值已达 80 万亿元，稳居世界第二；供给侧结构性改革深入推进，经济结构不断优化，数字经济等新兴产业蓬勃发展，开放型经济新体制逐步健全，对外贸易、对外投资、外汇储备稳居世界前列。环保投入持续增长，"十二五"时期投资已经达 4 万亿，"十三五"期间全社会环保投资将达 17 万亿元。

（三）技术保障

绿色科技涉及能源节约，环境保护以及其他绿色能源等领域。高效、节约、环保的绿色科技产业是拉动整个世界经济最大的动力引擎。绿色科技将会成为新一轮工业革命。它包括：绿色产品、绿色生产工艺的设计、开发，绿色新材料、新能源的开发，消费方式的改进，绿色政策、法律法规的研究以及环境保护理论、技术和管理的研究等等。绿色科技是发展绿色经济、进一步开展环境保护和生态建设重要技术保证。

绿色科技实质上是指能够促进人类长远生存和可持续发展，有利于人与自然共存共生的科学技术。它不仅包括硬件，如污染控制设备、生态监测仪器以及清洁生产技术，还包括软件，如具体操作方式和运营方法，以及那些旨在保护环境的工作与活动。

绿色科技负载着一种新型的人与自然关系，强调防止、治理环境污染，维护自然生态平衡。在现代，随着环境污染和生态恶化，那种认为人是自然的主人，"人定胜天"的观念已经得不到多数人支持。人是生物圈的构成要素，人与自然之间存在结果不对称的互动关系。无论人的作用多么大，人对自然的影响只是改变自然的具体演化方式，不可能毁灭自然，更不可能消除自然的存在。但自然对人的巨大反作用就有可能毁灭人类，消除人类的存在。即使全世界所有的核装置同时全部爆炸，毁灭的是人类，不是地球。因此，在最高意义上讲，自然才是人的主宰，人只能尊重自然、敬畏自然。自然作为人的生存环境，人对自然的任何影响最终都转化为对人自身的影响。环境污染和生态恶化，也只是相对人而言。离开了人，自然界无所谓污染和生态恶化问题。

第三节　绿色发展的主要战略途径

一、绿色发展的战略方向

（一）实施"人与自然"再平衡战略

要实现绿色发展，人类必须遵循人、自然、社会和谐发展这一客观规律，按照生态文明的理念，以资源节约型和环境友好型社会建设的目标，以营造出多样的城市、繁荣的经济、丰富的生活和宜居的环境为愿景，推进工业化、信息化、城镇化、农业现代化和绿色化深度融合，实施经济社会发展与资源环境承载再平衡战略。一是按照人口资源环境相均衡，生产空间、生活空间、生态空间三类空间科学布局，经济效益、社会效益、生态效益三个效益有机统一的原则，实现国土生态安全和水土资源的优化配置，确保经济社会与生态环境系统协调可持续发展。大力传播人与自然和谐发展、"绿水青山就是金山银山"、"环境就是民生、青山就是美丽、蓝天也是幸福"等价值理念，切实增强全民节约意识、环境意识、生态意识，牢固树立生态文明理念。二是根据我国的基本国情，构建科学合理的城市化格局、农业发展格局、生态安全格局，破解开发布局与生态环境安全格局、发展规模与资源环境承载间的尖锐矛盾。我国颁布实施的《全国主体功能区规划》为国土空间格局优化制定了翔实的方案。三是促进陆地国土空间与海洋国土空间协调开发。沿海地区集聚人口和经济的规模要与海洋环境承载能力相适应，统筹考虑海洋环境保护与陆源污染防治，按照"以海定陆、以陆定海和海陆统筹"三原则，合理划分海岸线功能，统筹开发与建设，严格保护海岸线与海洋资源。

(二) 实施产业绿色化改造战略

一是转变经济发展方式，调整产业结构。结合我国工业化的进程和阶段性，必须由传统的高能耗、高排放、高污染的发展方式向低能耗、低排放、可持续的集约化清洁生产的方向转变。应鼓励和扶持清洁环保的生态产业，发展低碳循环产业，加快促进国民经济的主导部门由主要依靠第二产业带动转移到第三产业上来。根据美国、日本等发达国家产业结构演进的规律和进程，调整宏观产业结构应是我国未来宏观经济发展的重点。二是依靠科技，提高绿色技术创新能力。绿色技术创新是绿色发展的关键环节，绿色技术不仅是提高劳动生产率的技术，更是对保护自然生态环境能起到积极促进作用的技术。应转变技术开发的价值取向，必须围绕人与自然和谐发展的生态文明价值目标，推动科技进步与创新，将对生态环境的影响大小作为衡量技术好坏的标准，使技术创新更多地体现生态效益。三是以低碳发展的理念为切入点，构建低碳循环经济产业链，加强低碳产品生产。

(三) 实施生活方式绿色化战略

实现"绿色化"生活方式，强调的是在建设生态文明进程中人人都是生态文明建设的主体，重点是绿色消费。为此，首先在理念上，树立尊重自然、顺应自然、保护自然，追求天人合一的生态伦理道德理念，并将其融入主流价值观。习近平总书记指出："必须弘扬生态文明主流价值观，把生态文明纳入社会主义核心价值体系，形成人人、事事、时时崇尚生态文明的社会新风尚，为生态文明建设奠定坚实的社会、群众基础。"其次，在行为上，消费模式向勤俭节约、绿色低碳、文明健康的方向转变，力戒奢侈浪费和不合理消费。在衣、食、住、行、游等各个领域，加快向绿色转变，通过绿色消费倒逼绿色生产，为全社会生产方式、生活方式绿色化贡献力量。生态建设关系每个人的利益，同时也需要每个人的努力。人人有责，从日常工作和生活做起，从现在做起。

当前，我国经济增速放缓、能源资源消费增速下降，国家加大对落后产能的淘汰力度、产业结构不断升级，公众环境意识显著提升。实施绿色化生活方式，可以抑制生产领域和消费领域严重浪费资源与过度消费现象，遏制攀比性、炫耀性、浪费性行为日益增长，实现生产方式和生活方式的绿色转型。

二、绿色发展途径

（一）使用清洁能源

工业革命以来所使用的能源主要是煤炭、石油、天然气3种化石燃料。大规模使用化石燃料严重污染了环境，使这些不可再生资源面临枯竭。绿色发展的根本办法是用无污染的可再生能源来替代，在完成这一替代之前的过渡性办法，就是将能源的利用率大大提高，以降低化石燃料的消耗和废物排放，同时采取相应的防污措施。取之不尽的清洁能源有水能、风能、太阳能、生物能、氢能、受控热核聚变能等。这些资源的利用在能源结构中占的比例越高，对生态环境的保护越有利。

（二）推进清洁生产

清洁化生产不是专指某种产业的生产，而是泛指工业的加工、制造及为之服务、配套的各个产业生态化循环。传统的工业生产是为获得某一产品而进行的，生产过程中产生的其他东西都作为废物抛给了自然界，因而传统的工业走的是一条高浪费、高污染的路子。生态经济所要求的工业生产是清洁化生产，它是按照生态系统闭路循环的方式，从能源、原料、生产、产品、产品使用、回收生产的循环往复的物质变换、能量流转过程中达到物尽其用和生态学上的洁净。

（三）发展生态产业

主要包括生态农业、生态林业、生态材料、生态建筑、生态旅游等产业。依靠技术变革加快农业增长，科学使用肥料和耕地资源，保护农业生态环境；发展优质、高效农业，满足人类的生存与生活需求；发展有机食品工业是生态农业发展的必然要求，是生态经济建设的必然产物，也适应世界食品消费变化趋势；有效保护农业生态环境，包括耕地资源的保护，人力资源的保护等；发展观光农业，发挥农业的多重作用。森林是陆地最大的生态系统，是自然界物质和能量交换的重要枢纽，必须坚持生态优先原则，促进生态林业发展。城市的生态化、建筑的生态化和住宅的生态化，是 21 世纪生态文明的一个重要象征；绿色发展必然要求生态建筑、生态建材成为支柱产业之一，应发展绿色建材、智能建材、抗菌面砖、抗菌卫生陶瓷、抗菌涂料、抗菌剂等。旅游业是集人文、景观、生态、经济于一体产业，在工业化时代，未被工业化开发的地方，被看成是穷荒之地，无人问津；现在情况发生了较大变化，回归自然，到大自然中去学习、体验已经成为一种时尚，生态旅游已成为人们健康身心和丰富物质精神生活的追求与必需。

（四）倡导绿色消费

个人自律是生活方式绿色化理念的主线。采取措施，使我们每个人时刻秉持节约优先，力戒奢侈浪费和不合理消费，形成低碳、节俭的生活方式，包括绿色饮食、绿色服装、倡导绿色居住和绿色出行。绿色消费，也称可持续消费，是指一种以适度节制消费，避免或减少对环境的破坏，崇尚自然和保护生态等为特征的新型消费行为和过程。绿色消费，不仅包括绿色产品，还包括物资的回收利用，能源的有效使用，对生存环境、物种环境的保护等。

应大力传播人与自然和谐发展、"绿水青山就是金山银山"、"环境就是民生、青山就是美丽、蓝天也是幸福"等价值理念，切实增强全民节约意识、环境意识、生态意识，牢固树立生态文明理念。提高公众生态文明社会责任意识，积极培育生态文化、生态道德，使生态文明成为社会主流价值观，成为社会主义核心价值观的重要内容；引导公众履行环境保护的社会责任和义务，使绿色生活、勤俭节约成为全社会的自觉习惯。

参考文献

1. 蔡守秋：《环境政策法律问题研究》，武汉大学出版社 1997 年版。

2. 蔡守秋：《论环境资源法所调整的人与自然的关系》，环境资源法学国际研讨会论文，2001 年 11 月。

3. 春雨：《跨入生态文明新时代》，载《光明日报》，2008 年 7 月 17 日。

4. 曾德华：《生态马克思主义与我国生态文明理论的重构》，载《湖南师范大学社会科学学报》，2013 年第 1 期。

5. 曹明德：《生态法原理》，人民出版社 2002 年版。

6. 陈传康：《区域综合开发的理论与案例》，科学出版社 1998 年版。

7. 陈飞星：《论价值哲学和环境哲学视角中的环境价值》，载《中国环境科学》，2000 年第 1 期。

8. 陈仲新、张实新：《中国生态系统效益的价值》，载《科学通报》，2000 年第 1 期。

9. 陈金明、唐祖琴：《近十年生态学马克思主义研究述论》，载《教学与研究》，2014 年第 4 期。

10. 陈艳：《论高校生态文明教育》，载《思想理论教育导刊》，2013 年第 4 期。

11. 陈凤芝：《生态法治建设若干问题研究》，载《学术论坛》，2014 年第 4 期。

12. 陈士勋、李利人、黄廷安：《论生态文明建设理念路径》，载《中共贵州省委党校学报》，2013 年第 1 期。

13. 陈乔、梅琳等：《建材工业的可持续发展思考》，载《江西建材》，2015 年第 3 期。

14. 丁立群：《人类中心论与生态危机的实质》，载《哲学研究》，1997 年第 11 期。

15. 董险峰：《持续生态与环境》，中国环境科学出版社 2006 年版。

16. 窦玉珍、彭峰、焦跃辉：《论人与自然关系的道德调节》，环境资源法学国际研讨会论文，2001 年 11 月。

17. 杜万平：《环境行政权的监督机制研究——对环境法律实施状况的一种解释》，见吕忠梅：《环境资源法论丛》第 6 卷，法律出版社 2006 年版。

18. 杜亮：《国外绿色教育简述：思想与实践》，载《教育学报》，2011 年第 6 期。

19. 杜向民、樊小贤、曹爱琴：《当代马克思主义生态观》，中国社会科学出版社 2012 年版。

20. 方时姣：《论社会主义生态文明三个基本概念及其相互关系》，载《马克思主义研究》，2014 年第 7 期。

21. 傅华：《生态伦理学探究》，华夏出版社 2002 年版。

22. 国家统计局：《2018 年中国统计摘要》，中国统计出版社 2018 年版。

23. 国家环保总局：《环境宣传教育文献选编》，中央文献出版社 2011 年版。

24. 国家林业局：《中国林业与生态建设状况公报》，载《人民日报》，2008 年 1 月 22 日。

25. 沈国明：《世纪的选择：中国生态经济的可持续发展》，四川人民出版社 2001 年版。

26. 韩立新：《环境价值论》，云南人民出版社 2005 年版。

27. 韩喜平、李恩：《当代生态文化思想溯源——兼论科学发展观的生态文化意蕴》，载《当代世界与社会主义》，2012 年第 3 期。

28. 郝文斌：《生态经济发展的理论基础与实践路径》，载《北方论丛》，2015 年第 2 期。

29. 何怀远：《发展观的价值维度》，社会科学文献出版社 2005 年版。

30. 何越：《"五位一体"建设总布局生态伦理思想探微》，载《东北师大学报（哲学社会科学版）》，2014 年第 1 期。

31. 洪银兴：《可持续发展经济学》，商务印书馆 2002 年版。

32. 胡涛主编：《中国的可持续发展研究——从概念到行动》，中国环境科学出版社 1995 年版。

33. 胡笋：《生态文化——生态实践与生态理性交汇处的文化批判》，中国社会科学出版社 2006 年版。

34. 胡鞍钢、管清友：《应对全球气候变化：中国的贡献——兼评托尼·布莱尔，＜打破气候变化僵局：低碳未来的全球协议＞报告》，载《当代亚太》，2008 年第 8 期。

35. 胡鞍钢、周绍杰：《绿色发展：功能界定、机制分析与发展战略》，载《中国人口·资源与环境》，2014 年第 1 期。

36. 宦盛奎：《森林法立法理念的法理分析》，载《政法论坛》，2015 年第 3 期。

37. 黄渊基、成鹏飞：《践行绿色发展理念的五个抓手》，载《经济日报》，2017 年 12 月 10 日。

38. 黄志斌、姚灿、王新：《绿色发展理论基本概念及其相互关系辨析》，载《自然辩证法研究》，2015 年第 8 期。

39. 环境保护部宣传教育司：《生态文明绿皮书全国公众生态文明意识调查研究报告》，中国环境科学出版社 2013 年版。

40. 环保部：《全国生态文明意识调查研究报告》，载《中国环境报》2014 年 3 月 24 日。

41. 贾辉艳：《从管理伦理看管理学的发展》，载《伦理学研究》，2006 年第 5 期。

42. 蒋南平、向仁康：《中国经济绿色发展的若干问题》，载《当代经济研究》，2013 年第 2 期。

43. 康兰波、王伟民：《生态价值观与人类现有生存方式的改变》，载《青海社会科学》，2003 年第 6 期。

44. 雷毅：《生态伦理学》，陕西人民教育出版社 2000 年版。

45. 李德顺：《丛"人类中心"到"环境价值"》，载《哲学研究》，1998 年第 2 期。

46. 李刚：《透视近年来生态价值观研究的多重向度》，载《理论月刊》，2006 年第 2 期。

47. 李建珊、胡军：《价值的泛化与自然价值的提升——对罗尔斯顿自然价值论的辨析》，载《自然辩证法通讯》，2003 年第 6 期。

48. 李金昌：《生态价值论》，重庆大学出版社 1999 年版。

49. 李晓明：《生态马克思主义之生态观探论》，载《前沿》，2011 年第 8 期。

50. 李英：《生态文明建设：全面建设小康社会的新举措》，载《辽宁党校报》，2004 年 4 月 5 日。

51. 李育才：《面向 21 世纪的林业发展战略》，中国林业出版社 1996 年版。

52. 李荣刚等：《江苏太湖地区水污染物及其向水体的排放量》，载《湖泊科学》，2000 年第 2 期。

53. 厉以宁、章铮：《环境经济学》，中国计划出版社 1995 年版。

54. 联合国环境计划署：《保护地球——可持续生存战略》，中国环境科学出版社 1992 年版。

55. 联合国：《2007 世界人口发展报告》，财经出版社 2008 年版。

56. 廖福霖：《生态文明建设理论与实践》，中国林业出版社 2001 年版。

57. 廖小平、孙欢：《环境教育的国际经验与中国现实》，载《湘潭大学学报（哲学社会科学版)》，2012 年第 2 期。

58. 林泉：《中国特色社会主义生态法治建设探析》，载《前沿》，2016 年版 6 期。

59. 刘定平：《生态价值取向研究》，中国书籍出版社 2013 年版。

60. 刘福森：《自然中心主义生态伦理观的理论困境》，载《中国社会科学》，1997 年第 3 期。

61. 刘江主编：《中国可持续发展战略研究》，中国农业出版社 2001 年版。

62. 刘广运：《努力改善生态环境，促进国民经济持续发展》，载《中国林业》，1998 年第 1 期。

63. 刘湘溶：《生态伦理学》，湖南师范大学出版社 1992 年版。

64. 刘湘溶：《人与自然的道德话语——环境伦理学的进展与反思》，湖南师范大学出版社 2004 年版。

65. 刘毅等著：《沿海地区人地关系协调发展战略》，商务印书馆 2005 年版。

66. 刘胜蓉：《高校生态伦理价值观教育探究》，载《学校党建与思想教育》，2016 年第 18 期。

67. 刘仁胜著：《生态马克思主义概论》，中央编译出版社 2009 年版。

68. 刘兆征：《关于我国农业可持续发展的思考》，载《理论探索》，2005 年第 1 期。

69. 陆大道：《2000 中国区域发展报告》，商务印书馆 2001 年版。

70. 路琳、屈乾坤：《试论高校生态文明教育机制的建构》，载《思想教育研究》，2015 年第 6 期。

71. 卢风：《人类主义，人类中心主义与主体主义》，载《湖南师范大学社会科学学报》，1997 年第 3 期。

72. 卢风：《绿色发展与生态文明建设的关键和根本》，载《中国地质大学学报（社会科学版）》，2017 年第 1 期。

73. 路甬祥：《把握人与自然关系实质，深入探讨和谐发展规律》，载《中国科学院网》，2004 年 7 月 21 日。

74. 吕忠梅：《中国生态法治建设的路线图》，载《中国社会科学》，2013 年第 5 期。

75. 吕世伦：《现代西方法学流派》，中国大百科全书出版社 2000 年版。

76. 马爱国：《我国的林业政策过程》，中国林业出版社 2003 年版。

77. 毛志锋：《人类文明与可持续发展——三种文明论》，新华出版社 2004 年版。

78. 牛文元：《持续发展导论》，科学出版社 1994 年版。

79. 欧阳志远：《最后的消费——文明的自毁与补救》，人民出版社 2001 年版。

80. 庞昌伟、龚昌菊：《中西生态伦理思想与中国生态文明建设》，载《新疆师范大学学报（哲学社会科学版）》，2015 年第 2 期。

81. 潘剑彬、董丽：《北京奥林匹克森林公园内二氧化碳浓度特征研究》，载《园林科技》2008 年第 3 期。

82. 彭妮娅：《我国生态价值观教育的现状和实施路径研究》，载《中国

《德育》，2017 年第 8 期。

83. 千年生态系统评估概念框架工作组：《生态系统与人类福祉：评估框架》，张永民译，中国环境科学出版社 2007 年版。

84. 邱俊齐：《林业经济学》，中国林业出版社 1998 年版。

85. 齐秀强、屈朝霞：《马克思主义生态文明教育的实践场域与实现路径》，载《求实》，2015 年第 4 期。

86. 秦书生、王旭、付晗宁：《我国推进绿色发展的困境与对策——基于生态文明建设融入经济建设的探究》，载《生态经济》，2015 年第 7 期。

87. 秦书生、杨硕：《习近平的绿色发展思想探析》，载《理论学刊》，2015 年第 6 期。

88. 屈振辉：《现代环境法研究的多元伦理视野》，载《湖南农业大学学报（社会科学版)》，2008 年第 6 期。

89. 屈振辉：《中国环境法的法典化问题研究》，载《嘉应学院学报（哲学社会科学》，2004 年第 1 期。

90. 佘正荣：《中国生态伦理传统的诠释与重建》，人民出版社 2002 年版。

91. 沈国舫：《中国森林与可持续发展》，广西科学技术出版社 2000 年版。

92. 石中元：《了解环境——环境现状介绍》，中国林业出版社 2004 年版。

93. 时军：《我国的环境教育立法及其发展》，载《中国海洋大学学报（社会科学版)》，2013 年第 5 期。

94. 舒惠国：《生态环境与生态经济》，科学出版社 2001 年版。

95. 舒绍福：《绿色发展的环境政策革新：国际镜鉴与启示》，载《改革》，2016 年第 3 期。

96. 孙久文：《中国资源开发利用与可持续发展》，九州图书出版社 1998 年版。

97. 孙美堂：《文化价值论》，云南人民出版社 2005 年版。

98. 孙晓东：《新生态伦理道德观与环境法》，载《理论界》，2006 年第 3 版。

99. 孙晓辉：《新〈环境保护法〉的生态价值分析》，载《法学博览》，2015 年第 31 期。

100. 孙正林：《高校生态文明教育的困境与路径》，载《教育研究》，2014 年第 1 期。

101. 万希平：《今日马克思主义研究丛书：生态马克思主义理论研究》，天津人民出版社 2014 年版。

102. 王灿发：《环境法学教程》，中国政法大学出版社 1997 年版。

103. 汪劲：《环境法律的理念与价值追求》，法律出版社 2000 年版。

104. 王伦光：《价值追求与和谐社会构建》，浙江大学出版社 2006 年版。

105. 王如松：《略论生态文明建设》，载《光明日报》，2008 年 4 月 8 日。

106. 王燕：《论公众生态法治观念的培育》，载《行政与法》，2014 年第 5 期。

107. 王伟中：《国际可持续发展战略比较研究》，商务印书馆 1999 年版。

108. 王雨辰：《论生态文明的制度建设》，载《光明日报》，2008 年 4 月 8 日。

109. 王雨辰：《论西方绿色思潮的生态文明观》，载《北京大学学报（哲学社会科学版）》，2016 年第 4 期。

110. 王雨辰：《生态马克思主义研究的中国视阈》，载《马克思主义与现实》，2011 年第 5 期。

111. 王治河、杨韬：《有机马克思主义的生态取向》，载《自然辩证法研究》，2015 年第 2 期。

112. 王忠祥、谢世诚：《中国环境教育四十年发展历程考察》，载《广西社会科学》，2013 年第 10 期。

113. 王天傲：《大气二氧化碳浓度突破阈值创下数百万年来新高》，http://www.cankaoxiaoxi.com/science/20170428/1942501.shtml（访问时间：2017 年 4 月 28 日）。

114. 魏后凯：《走向可持续协调发展》，广东经济出版社 2001 年版。

115. 魏华：《<森林法>修改的若干问题思考》，载《生态经济》，2014 年第 1 期。

116. 魏趁：《生态经济建设的哲学基础与发展路径》，载《理论与改革》，2016 年第 3 期。

117. 吴光宗等主编：《现代科学技术与当代社会》，北京航空航天大学出版社 2006 年版。

118. 吴宁：《生态学马克思主义思想简论》，中国环境出版社 2015 年版。

119. 伍新木：《水资源的资产化、资本化与产业化》，载《光明日报》，2008 年 7 月 20 日。

120. 伍国勇、段豫川：《论超循环经济——兼论生态经济、循环经济、低碳经济、绿色经济的异同》，载《农业现代化研究》，2014 年第 1 期。

121. 郇晓燕：《绿色发展及其实践路径》，载《北京交通大学学报（社会科学版）》，2014 年第 3 期。

122. 郇晓霞、张双悦：《"绿色发展"理念的形成及未来走势》，载《经济问题》，2017 年第 2 期。

123. 徐春：《生态文明与价值观转向》，载《自然辩证法研究》，2004 年第 4 期。

124. 徐海红：《生态伦理价值本体的反思与实践转向》，载《伦理学研究》，2011 年第 1 期。

125. 徐民华、刘希刚：《马克思主义生态文明思想与中国实践》，载《科学社会主义》，2015 年第 1 期。

126. 徐忠麟：《生态文明与法治文明的融合：前提、基础和范式》，载《法学评论》，2013 年第 6 期。

127. 许新桥：《生态经济理论阐述及其内涵、体系创新研究》，载《林业经济》，2014 年第 8 期。

128. 肖安宝、王磊：《习近平绿色发展思想论略——从党的十八届五中全会谈起》，载《长白学刊》，2016 年第 3 期。

129. 肖建华著：《生态环境政策工具的治道变革》，知识产权出版社 2010 年版。

130. 严慧敏：《对建设生态文明的思考》，载《学习论坛》，2003 年第 8 期。

131. 杨赫姣：《生态文化建设的当代构思》，载《理论月刊》，2014 年第 3 期。

132. 杨耕：《价值、价值观与核心价值观》，载《北京师范大学学报（社会科学版）》，2015 年 1 期。

133. 杨明：《环境问题与环境意识》，华夏出版社 2002 年版。

134. 杨通进：《走向深层的环保》，四川人民出版社 2002 年版。

135. 杨通进、高予远：《现代文明的生态转向》，重庆出版社 2007 年版。

136. 杨昕：《发达国家环境教育的经验及对我国的启示》，载《环境保护》，2017 年第 7 期。

137. 杨志江、文超祥：《中国绿色发展效率的评价与区域差异》，载《经济地理》，2017 年第 3 期。

138. 杨志成、柏维春：《教育价值分类研究》，载《教育研究》，2013 年第 10 期。

139. 叶平：《人与自然：生态伦理学的价值观》，载《自然辩证法研究》，1995 年第 5 期。

140. 叶平：《"人类中心主义"的生态伦理》，载《哲学研究》，1995 年第 1 期。

141. 叶平：《生态伦理的价值定位及其方法论研究》，载《哲学研究》，2012 年第 12 期。

142. 叶卫平：《资源、环境问题与可持续发展对策》，载《地理研究》，1997 年第 3 期。

143. 叶文虎等：《三种生产论——可持续发展的基本原理》，载《中国人口、资源与环境》，1997 年第 2 期。

144. 余谋昌：《文化新世纪：生态文化的理论阐释》，东北林业大学出版社 1996 年版。

145. 余谋昌：《生态伦理学——从理论走向实践》，首都师范大学出版社 1999 年版。

146. 余谋昌：《生态哲学》，陕西人民教育出版社 2000 年版。

147. 袁建明：《生态价值观初探》，载《合肥工业大学学报（社会科学版）》，2003 年第 1 期。

148. 袁贵仁：《价值观的理论与实践》，北京师范大学出版集团 2009 年版。

149. 曾建平：《环境正义：发展中国家环境伦理问题探究》，山东人民出版社 2007 年版。

150. 曾兴无等：《环境立法的生态价值观》，载《法制与管理》，2005 年第 12 期。

151. 张建国：《生态林业论：现代林业的基本经营模式》，中国林业出版社2003年版。

152. 张建华：《全球森林面积减少但净砍伐速度下降》，载《中国绿色时报》，2016年3月23日。

153. 张坤民：《可持续发展论》，中国环境科学出版社1997年版。

154. 张雷：《能源生态系统——西部地区能源开发战略研究》，科学出版社2007年版。

155. 张磊、付嘉、何婧云：《新环境资源价值论——兼论生态文明的价值观》，载《生态经济》，2006年第5期。

156. 张立影：《生态马克思主义对生态危机的成因分析》，载《中国社会科学院研究生院学报》，2012年第3期。

157. 张兰、王世进：《我国森林法价值理念的历史嬗变与森林法的修改》，载《世界林业研究》，2011年第4期。

158. 张彭松：《生态伦理：从颠覆走向整合》，载《自然辩证法研究》，2014年第10期。

159. 张晓：《中国环境政策的总体评价》，载《中国社会科学》，1999年第3期。

160. 张晓东、朱德海：《中国区域经济与环境协调度预测分析》，载《资源科学》，2003年第3期。

161. 张晓理：《我国生态环境问题的主要成因及宏观调控》，载《生态经济》，2001年第12期。

162. 张忠民：《"五位一体"的环境法审视——兼谈＜环境保护法＞的修订》，载《绿叶》，2015年第21期。

163. 赵绘宇：《生态系统管理法律研究》，上海交通大学出版社2006年版。

164. 赵廷宁主编：《生态环境建设与管理》，中国环境科学出版社 2004 年版。

165. 郑度主编：《中国西部地区 21 世纪区域可持续发展》，湖北科学技术出版社 2000 年版。

166. 郑德凤、臧正、孙才志：《绿色经济、绿色发展及绿色转型研究综述》，载《生态经济》，2015 年第 2 期。

167. 郑少华著：《生态主义法哲学》，法律出版社 2002 年版。

168. 郑小贤：《森林资源经营管理》，中国林业出版社 1999 年版。

169. 郑易生：《中国环境与发展评论》，社会科学文献出版社 2001 年版。

170. 郑志国：《人与自然关系的科学认识》，2005 年版。

171. 中共中央文献研究室编：《关于社会主义生态文明建设论述摘编》，中央文献出版社 2017 年版。

172. 中国环境意识项目主办：《2007 年全国公众环境意识调查报告》，载《世界环境》，2008 年第 2 期。

173. 中国社会科学院环境与发展研究中心：《中国发展与环境评论》，社会科学文献出版社 2001 年版。

174. 中国 21 世纪议程管理中心：《发展的基础——中国可持续发展的资源、生态基础评价》，社会科学文献出版社 2004 年版。

175. 中国经济网：http://www.ce.cn/xwzx/gnsz/gdxw/200604。

176. 中国网：http://www.china.com.cn/tech/zhuanti/wyh/2008 – 02/29.htm。

177. 中国青年报绿网新闻：http://www.cyol.net/gb/cydgn/2001 – 07/25。

178. 周凤起、周大地：《中国中长期能源战略》，中国计划出版社 1999 年版。

179. 周鸿：《生态文化与生态文明》，载《光明日报》，2008 年 4 月 8 日。

180. 周生贤：《中国林业的历史性转变》，中国林业出版社 2002 年版。

181. 周训芳：《生态文明、国土绿化与相关立法》，载《江西社会科学》，2012 年第 7 期。

182. 朱坦主编：《环境伦理学理论与实践》，中国环境科学出版社 2001 年版。

183. 朱志胜：《全球森林面临前所未有的危机》，载《环境教育》，2006 年第 9 期。

184. 竺效、丁霖：《绿色发展理念与环境立法创新》，载《法制与社会发展》，2016 年第 2 期。

185. 左平良：《我国资源物权立法的生态伦理考量》，载《伦理学研究》，2006 年第 5 期。

186. 马克思：《1844 年经济学—哲学手稿》，商务印书馆 1979 年版。

187. 亚里士多德：《政治学》，吴寿彭译，商务印书馆 1997 年版。

188. ［奥］弗·冯·维塞尔：《自然价值》，陈国庆译，商务印书馆 1982 年版。

189. ［美］A. 莱奥波尔德（A. Leopold）：《沙乡的沉思》，侯文蕙译，经济科学出版社 1992 年版。

190. ［美］H. 罗尔斯顿：《遵循大自然》，杨通进译，载《哲学译丛》，1998 年第 4 期。

191. ［美］H. 罗尔斯顿：《自然的价值与价值的本质》，刘耳译，载《自然辩证法研究》，1999 年第 2 期。

192. ［美］H. 罗尔斯顿：《环境伦理学》，杨通进译，中国社会科学出版 2000 年版。

193. ［美］赫尔曼·E. 戴利：《珍惜地球：经济学、生态学、伦理学》，马杰译，商务印书馆2001年版。

194. ［美］莱斯特·R. 布朗：《生态经济》，林自新等译，东方出版社2002年版。

195. ［美］曼昆：《经济学原理》，梁小民译，北京大学出版社2006年版。

196. ［美］普雷斯顿·詹姆斯：《地理学思想史》，商务印书馆1982年版。

197. ［美］R. 卡逊：《寂静的春天》，吕瑞兰译，科学出版社1979年版。

198. ［美］T. W. 舒尔茨：《人力资本投资》，蒋斌、张衡译，商务印书馆1990年版。

199. ［美］特里·S. 索尔德等编：《理性增长——形式与后果》，丁成日等译，商务印书馆2007年版。

200. ［埃及］莫斯塔法·卡·托尔巴：《论可持续发展——约束与机会》，失跃强等译，中国环境科学出版社1990年版。

201. ［美］W. H. 墨迪：《一种现代的人类中心主义》，章建刚译，载《哲学译丛》，1999年第2期。

202. ［美］纳什：《大自然的权利》，杨通进译，青岛出版社1999年版。

203. ［日］堺屋泰一：《知识价值革命》，金泰相译，沈阳出版社1999年版。

204. ［日］岩佐茂著：《环境的思想——环境保护与马克思主义的结合处》，韩立新等译，中央编译出版社2006年版。

205. ［英］B. 沃得、［美］R. 杜博斯：《只有一个地球》，吉林人民出版社1997年版。

206. ［英］戴维·佩伯：《生态社会主义：从深生态学到社会正义》，刘颖译，山东大学出版社 2004 年版。

207. ［英］L. H. 牛顿等著：《分水岭：环境伦理学的 10 个案例（第 3 版)》，吴晓东等译，清华大学出版社 2005 年版。

208. ［英］拉塞尔：《觉醒的地球》，王国政、刘兵、武英译，东方出版社 1991 年版。

209. ［英］Joy A. Palmer：《21 世纪的环境教育——理论·实践·进展与前景》，田青、刘丰译，中国轻工业出版社 2002 年版。

210. ［美］D. 米都斯：《增长的极限》，李宝恒译，四川人民出版社 1984 年版。

211. Robert Costanza 等：《全球生态系统服务与自然资本的价值估算》，载《生态学杂志》，1999 年第 2 期。

212. Frasz and Geoffrey. B, Environmental Virtue Ethics：A New Direction for Environmental Ethics, *Environmental Ethics*, Vol. 15, No. 2, 1993, pp. 259 – 274.

213. Passmore and John, *Man's Responsibility for Nature*：*Ecological Problems & Western Traditions*, 2nd, London：Duckworth, 1980.

214. Ben A. Minteer and James P. Collins, Why We Need An "Ecological Ethics", *Frontiers in Ecology and the Environment*, Vol. 3, No. 6, August 2005, pp. 332 – 337.

215. Elliott and Robert（eds. ）, *Environmental Ethics*, Oxford：Oxford University Press, 1995.